建设社会主义新农村图示书系

图解樱桃整形修剪

韩凤珠　赵　岩　主编

U0209508

中国农业出版社

■编写人员名单

主　　编	韩凤珠　赵　岩
副 主 编	周晏起　杨　华
编写人员	韩凤珠　赵　岩　周晏起　杨　华
	范　宁　张琪静　于克辉　王　毅
	卜庆燕　乔　军　马　丽　齐宝刚
绘　　图	韩剑峰　韩　松

前　言

　　整形修剪是樱桃生产中重要的技术措施，对樱桃的生长、结果、品质都具有重要的作用，历来为广大果农和科技工作者所重视。

　　近年来，甜樱桃生产发展很快，为适应果农生产需要，本书以整形修剪基本理论为基础，以实用技术为主导，以修剪反应为依据，围绕整形修剪中的关键问题，深入浅出，采取以直观图示为主和文字说明相配合的新方式，将樱桃的整形修剪技术具体、形象地描绘出来，便于广大果农学习、操作。

　　本书以作者的多年研究成果及生产实践经验为主，在编写过程中，参阅、借鉴了国内外有关樱桃树整形修剪的大量学术论文和书刊，在此表示诚挚的感谢。作者水平有限，书中错误之处在所难免，敬请同行们指正。

编著者

目 录

一、樱桃树整形修剪的意义

对樱桃树进行整形修剪，是为了培养良好的树体骨架，调控树体生长与结果、衰老与更新之间的关系，调控树体生长与环境影响的关系，维持健壮的树势，以达到早结果、早丰产、连年丰产的栽培目的。

目前，在常规栽培的甜樱桃品种中，多数品种的幼龄期果树树势偏旺（图1），若任其自然生长，会出现枝条直立、竞争枝多、徒长

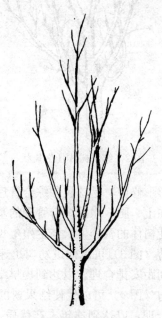

图1　幼树自然生长状

枝多、梢头分枝多等现象,使树形紊乱,进入结果期晚,甚至出现5年生以上的树很少结果或不结果的情况。若进入结果期以后放弃整形修剪(图2),或整形修剪技术不到位,会导致主枝背上或主干上的徒长枝和竞争枝多,形成偏冠树、掐脖树、双头树;或外围延长枝上翘,形成抱头树;或上部强旺,形成伞状树等,使下部光照不足而衰弱。出现这些状况后,会造成产量和果实品质的大幅度下降。

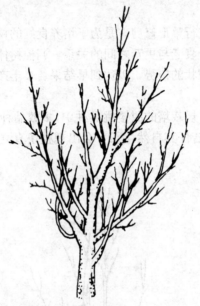

图2 结果树放任生长状

对樱桃树进行整形修剪,是樱桃园综合管理中重要的、关键的一项技术措施,是在土、肥、水等综合管理的基础上,调控树体生长与结果的关系,使树体的营养生长与生殖生长保持平衡。

幼树期整形修剪(图3)可以促进幼树迅速增加枝量,扩大树冠,枝条分布和层间距安排合理,以达到提早结果的目的。

结果期整形修剪(图4)可以促使结果树的枝量达到一定的范围,结果枝组配置合理,以达到连年丰产优质,而且树体不早衰,经济寿命长的目的。

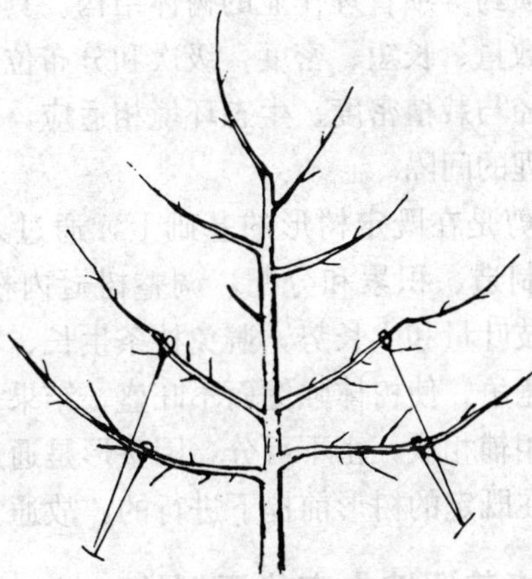

图 3　幼树整形修剪状

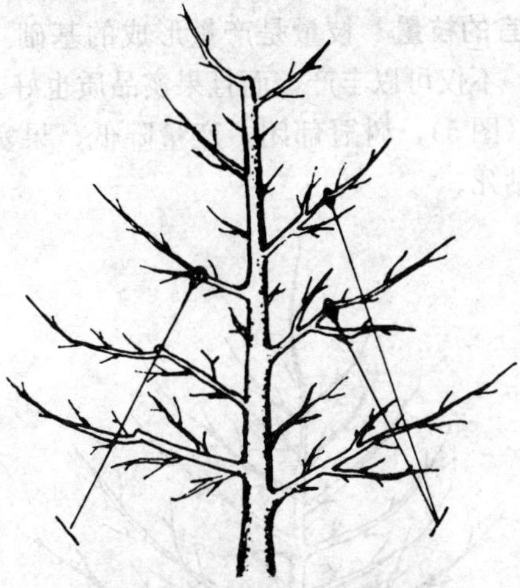

图 4　结果树整形修剪状

(一) 整形修剪的概念

1. 整形　整形是根据樱桃树的生长规律，通过人为措施，将树体进行整理，培养成骨架合理、枝条分布均匀、光照与空间利用充分、便于施肥喷药等项管理作业的树体结构。具体内容包括合理地安排骨干枝的数量、长短、密度、级次和分布位置与角度等，使树体的高度、冠径与栽植密度、生态环境相适应，使相邻两行、相邻两株之间有合理的间隔。

2. 修剪 修剪是在既定树形的基础上，通过人为措施，调整树体营养物质的制造、积累和分配，调整树冠内枝条间的相互关系，维持合理的枝叶量和生长势，避免枝条生长、花芽分化、果实发育之间的营养竞争，使树体强健而不旺盛，结果多而不早衰。

整形与修剪相辅相成，密不可分，因整形是通过修剪方法实现的，而修剪又是在既定的树形前提下进行的，故通常称整形修剪。

（二）整形修剪调控丰产优质树体

丰产、优质的树体需要通过整形修剪来调控。

1. 调控适宜的枝量 枝量是产量形成的基础。枝量适宜，树体生长发育好，不仅可以丰产，而且果实品质也好。

枝量过多（图5），树冠郁闭，产量降低，果实品质下降，内膛和下部枝易枯死。

图5 枝量过多，造成郁闭

枝量过少（图 6），虽然果实品质好，但产量低，也浪费有效空间。

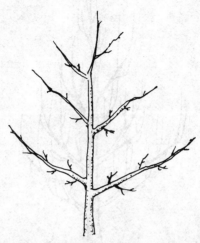

图 6　枝量太少，浪费有效空间

树体需要通过整形修剪来调控适宜的枝量。幼树期重点是采取刻芽、短截、摘心等多种技术措施结合应用，促进分枝和枝梢生长，迅速增加枝量扩大树冠，这是提高产量的基础。而对成龄树则要调控枝量达到一定的适宜范围，重点是采取短截、摘心、回缩和疏枝等措施结合应用，保持适宜的枝量和分布范围。

2. 调控适宜的树势　甜樱桃树以中、短果枝以及花束状果枝结果为主，只有树势中庸健壮的树体，才能培养出较多的中、短结果枝和花束状结果枝来，进而达到丰产、优质的目的。

树势旺时（图 7），发育枝多，不易成花，幼树进入结果期晚。树势中庸健壮时（图 8），生长发育趋于平衡，中、短结果枝和花束状果枝多，不但产量高，而且果实品质也好。树势衰弱时，树体寿命短。

进入结果期的树，既要继续扩大树冠，又要多结果，这就需要促控结合，使树体中庸健壮，不旺也不弱，尤其在花芽分化期，控制大量的新梢旺长，通过摘心、拿枝等技术措施，调控枝梢生长，

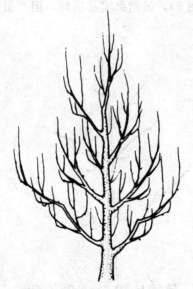

图 7　树势旺，发育枝多

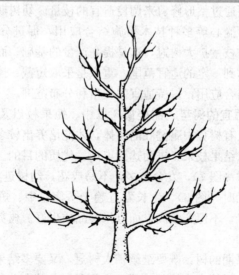

图 8　树势中庸，生长发育平衡

达到该停则停、该长则长，促使花芽分化。

3. 调控充足的光照　樱桃树和其他果树一样，其树体生长、花芽分化、果实发育，都需要有充足的光照条件，树冠内的光照强度达到自然光照强度的 30％以上时，冠内的枝条才能正常成花、开花和结果，而低于 30％时，冠内的枝条是不能正常成花结果的。

因此，需要通过整形修剪手段，使树体结构合理，来增强树冠内的光照强度。

经整形修剪的树，其树形结构、枝条布局合理，树冠内光照良好，无效光区仅占 10％，地面光影多，其产量高，果实品质也好（图 9）。

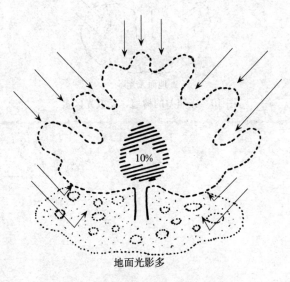

图 9　光照好的树冠，无效光区少

自然生长的树或修剪技术不到位的树，枝条密挤或抱头生长，其树冠郁闭，冠内光照不良，无效光区占 20％～30％，地面无光影（图 10），造成产量低，果实品质也较差。

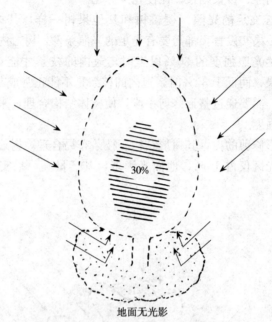

30%

地面无光影

图 10　光照差的树冠，无效光区多

二、整形修剪必须掌握的基础知识

要想使樱桃树的整形修剪达到预期理想的效果，首先必须了解和掌握与其有关的生长发育特性以及反应规律。

（一）树体各部类型与相关特性

1. 甜樱桃芽的类型与特性　樱桃树的芽，按其性质主要分为叶芽和花芽两大类型，按其着生部位还可分为顶芽和侧芽两大类型。

芽是枝、叶、花的原始体，所有的枝、叶和花都是由芽发育而成的，所以芽是树体生长、结果以及更新复壮的重要器官。

（1）叶芽　萌芽后只抽生枝叶的芽称为叶芽。叶芽着生在枝条的顶端或侧面。叶芽是抽生枝条、扩大树冠的基础。

叶芽较瘦长，多为圆锥形。叶芽按着生的部位不同，则被称为顶叶芽和侧叶芽。

顶叶芽：顶叶芽（图 11）着生在各类枝条的顶部，其形态特性有区别。发育枝的顶叶芽大而粗，顶部圆而平，其作用是抽生枝梢，形成新的侧芽和顶芽；长果枝的顶叶芽较圆，一般大于花芽，其作用是抽生结果枝、花芽和叶芽；短果枝和花束状果枝上的顶叶芽较瘦小，多数小于花芽，其作用是展叶后形成花芽和新的顶芽。

侧叶芽（腋叶芽）：顶叶芽以下的叶芽统称为侧叶芽或腋叶芽。发育枝上，除了顶叶芽之外，其余的芽都为侧叶芽（图 12）；混合枝、长果枝和中果枝的中上部的侧芽都是叶芽；在短果枝和花束状果枝上，一般很少有侧叶芽形成。

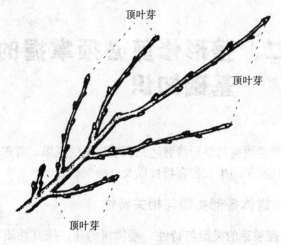

图 11 顶叶芽

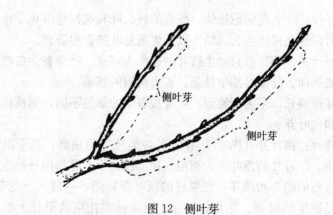

图 12 侧叶芽

离顶芽越近的侧叶芽越饱满，离顶芽越远的侧叶芽饱满的程度越差。

叶芽具有早熟性（图 13）。有的在形成当年即能萌发，使枝条在一年中有多次生长，特别是在幼旺树上，易抽生副梢，根据这个特性，可采取人工摘心措施，使之增加分枝扩大树冠，利于形成花芽提早结果。

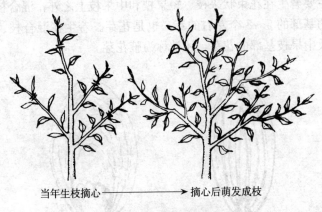

当年生枝摘心 ————————→ 摘心后萌发成枝

图 13　叶芽的早熟性

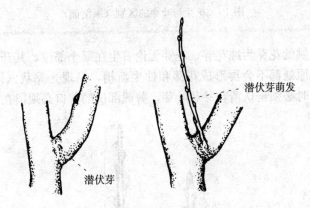

潜伏芽萌发

潜伏芽

图 14　叶芽的潜伏性

　　叶芽还具有潜伏性（图 14）。发育枝基部的极小的侧叶芽，由于这种芽的发育质量差，较瘦瘦，在形成的当年或几年都不易萌发抽生枝条，而呈潜伏状态而被称为潜伏芽。潜伏芽寿命长，当营养条件改善，或受到刺激时即能萌发抽生枝条，这种特性成为枝条更新、延长树体寿命的宝贵特性。

（2）花芽　芽内含有花原基的芽称为花芽（图 15）。樱桃的花芽除主要着生在花束状果枝、短果枝和中果枝上之外，混合枝和长果枝的基部的 5～8 个左右的芽，也是花芽。着生在混合枝、长果枝以及中果枝基部的花芽，还被称为腋花芽。

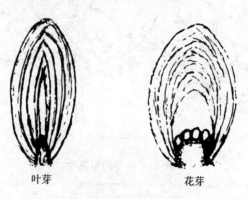

叶芽　　　　　　　花芽

图 15　花芽与叶芽的区别（纵剖面）

樱桃的花芽为纯花芽，花芽无论着生在哪个部位，其开花结果后，其原处都不会再形成花芽和抽生新梢，呈现光秃状（图 16）。在修剪时必须辨认清花芽和叶芽，剪截部位的剪口必须留在叶芽上（图 17）。

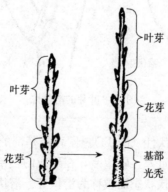

图 16　花芽开花结果后光秃状

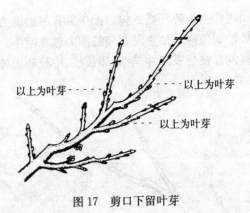

以上为叶芽 - - - - - - - 以上为叶芽

- - - 以上为叶芽

图 17　剪口下留叶芽

2. 甜樱桃枝的类型与特性　　樱桃的枝分为发育枝和结果枝两大类。

（1）发育枝　　仅具有叶芽的一年生枝条称为发育枝，也称营养枝或生长枝。发育枝萌芽以后抽枝展叶，是形成骨干枝、扩大树冠的基础（图18）。不同树龄和不同树势上的发育枝，抽生发育枝的

图 18　发育枝

能力不同。幼树和生长势旺盛的树，抽生发育枝的能力较强，进入盛果期和树势较弱的树，抽生发育枝的能力越来越小。按照发育枝的长短，可将发育枝分成三种类型，即长枝、中枝和短枝(图19)。

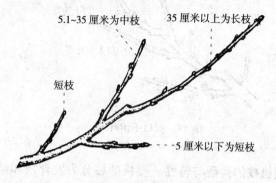

5.1~35 厘米为中枝　　35 厘米以上为长枝

短枝

5 厘米以下为短枝

图 19　不同类型发育枝

根据发育枝的枝类比例，可以据此判断树势的强弱（图20）。

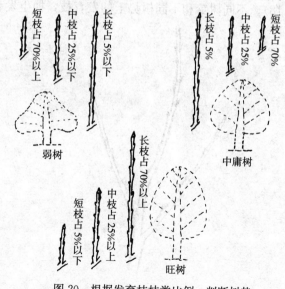

短枝占70%以上　中枝占25%以下　长枝占5%以下

弱树

长枝占5%　中枝占25%　短枝占70%

中庸树

长枝占70%以上　中枝占25%以上　短枝占5%以下

旺树

图 20　根据发育枝枝类比例，判断树势

（2）结果枝　着生有花芽的枝条都称为结果枝。按其特性和枝条的长短不同可分为混合枝、长果枝、中果枝、短果枝和花束状果枝（图21）。

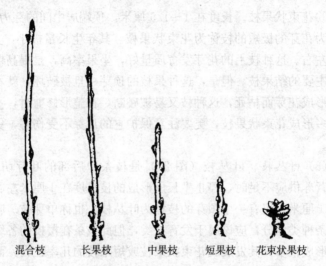

混合枝　　长果枝　　中果枝　　短果枝　花束状果枝

图21　果枝类型

①混合枝。长度在20厘米以上，顶芽及中上部的侧芽全部为叶芽，只有基部的几个侧芽为花芽的枝条，称为混合枝。这种枝条既能抽枝长叶，又能开花结果，是初、盛果期树扩大树冠、形成新果枝的主要果枝类型。混合枝上的花芽往往发育质量差，坐果率低。

②长果枝。长度在15～20厘米，顶芽及中上部的侧芽为叶芽，其余为花芽的枝条称为长果枝。这种枝条结果后下部光秃，只有中上部的芽继续抽生枝条，这种果枝在幼树和初结果树上较多，坐果率也较低。

③中果枝。长度在10厘米左右，顶芽及先端的几个侧芽为叶芽外，其余的均为花芽的枝条称为中果枝，这种枝形成的数量不多，不是主要的结果枝类型。

④短果枝。长度在 5 厘米左右，除顶芽为叶芽外，其余均为花芽的枝条称为短果枝。这种果枝上的花芽发育质量较好，坐果率也高。

⑤花束状果枝。长度在 1~1.5 厘米，顶端居中间的芽为叶芽，其余为花芽的极短的枝称为花束状果枝。其年生长量极小，只有 1 厘米左右。这种枝上的花芽发育质量好，坐果率高，是提高樱桃产量最主要的结果枝。但是，这种果枝的顶芽一旦被破坏，就不会抽枝再形成花芽而枯死，这种枝又易被碰断，在整形修剪时，不但要促使多形成花束状果枝，更要注意保护它的顶芽不受伤害，更不能碰断。

(3) 叶丛枝　叶丛枝（图 22）是枝条中后部的叶芽萌发后，遇到营养供应不足时，停止生长所形成的枝长度在 1 厘米左右，或不足 1 厘米，仅有一个顶芽的枝称为叶丛枝，也称单芽枝。叶丛枝按枝条种类划分，应该属于发育枝类，但此枝条在樱桃的各级骨干枝上形成很多，其发展成花束状果枝或短果枝的几率也大，而且在 2 年生枝条上抽生的数量较大，尤其是缓放枝条的后部，其叶丛枝形成的较多。因此，单列出来以引起重视和培养。

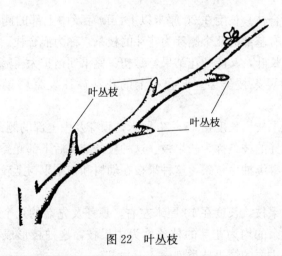

图 22　叶丛枝

叶丛枝在营养条件改善时，可转化为花束状结果枝，如果营养条件不改善，则仍为叶丛枝。如果处在顶端优势的位置上，或受到刺激时，还会抽生发育枝（图23）。

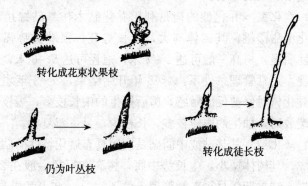

转化成花束状果枝

仍为叶丛枝

转化成徒长枝

图23　叶丛枝转化

3. 甜樱桃树体类型与特性　樱桃的树体类型，常分为乔化型和矮化型两种（图24）。乔化树耐轻剪缓放，适宜稀植栽培，但也

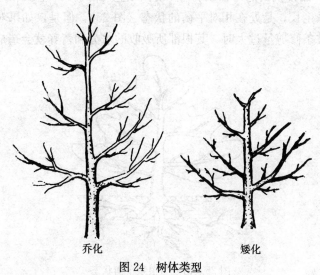

乔化　　　　　　　　矮化

图24　树体类型

可以通过整形修剪或化控等措施进行密植栽培。矮化树宜重剪，适宜密植栽培，更适宜保护地栽植。矮化树轻剪缓放过重时，易成小老树，过早进入衰老期。

（1）乔化型　乔化型的树是利用乔化砧木作基砧嫁接繁殖而成。乔化型甜樱桃，其树体高大，生长势旺，顶端优势强，干性强，层性明显，树高一般可达5～7米，冠径可达5～6米，进入结果期较晚，正常管理条件下，4～5年开始结果，7～8年才进入盛果期。乔化树对修剪反应敏感，剪后抽生的中长枝多，短枝少，但是轻剪缓放后，抽生的中短枝多，长枝少，易更新复壮。

（2）矮化型　其基砧或中间砧是利用具有矮化特性的砧木嫁接繁殖而成，其树体矮小，生长势中庸，树高和冠径一般在2～4米左右，进入结果期较早，正常管理条件下，2～3年开始结果，4～5年进入盛果期。矮化树对修剪反应不太敏感，剪后中短枝多、长枝少。如果轻剪缓放的枝条越多，树体衰弱越快，如果整体上发生严重衰弱时，其更新复壮要比乔化树难得多。

4. 甜樱桃树冠与根系特性　通常地上部的枝叶生长和地下部的根系生长，是处在相对平衡的状态（图25），但是，如果对地上部的枝条修剪量过大时，其根部所吸收的水分和营养就会造成地上

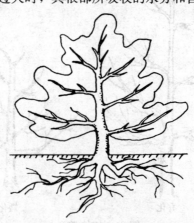

图25　树冠与根系平衡状态

部的树势偏旺；如果对地下部断根多，其吸收量就相对减少，会造成树势衰弱。据此，应适量修剪。对于移栽树，由于断根多，就需要加大修剪量，对地上树冠采取疏、缩或重短截等措施，使地上部的树冠和地下部的根系生长保持平衡状态（图26）。

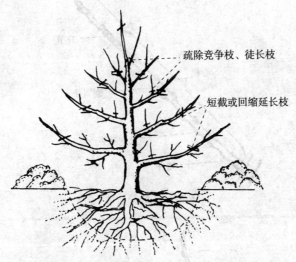

疏除竞争枝、徒长枝

短截或回缩延长枝

图26　移栽树断根多，采取修剪措施，以达到树冠与根系平衡状态

5. 其他特性与整形修剪的关系

（1）芽的异质性　位于同一枝上不同位置的芽，由于发育过程中所处的环境条件、内部营养供应不同，造成芽质量有差异的特性，称为芽的异质性（图27）。

芽的质量对发出的枝条的生长势有很大的影响，芽的质量常用芽的饱满程度表示，既饱满芽、次饱满芽和瘪芽，在春、秋梢交界处还会出现盲节。修剪时可根据剪口芽的质量差异，增强或缓和枝势，达到调节枝梢生长势的目的。

（2）顶端优势　在一个枝条上，处于顶端位置的芽其萌发力和成枝力均强于下部芽，且向下依次递减，这一现象称顶端优势。枝条越直立顶端优势越明显。处于顶端优势的枝条按其不同位置，可分为先端优势、背上优势和弓起优势（图28、图29、图30）。

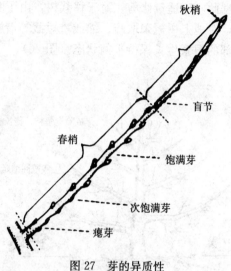

图 27　芽的异质性

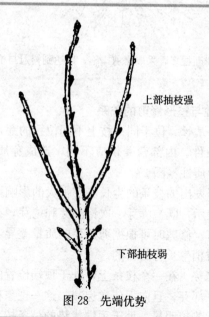

图 28　先端优势

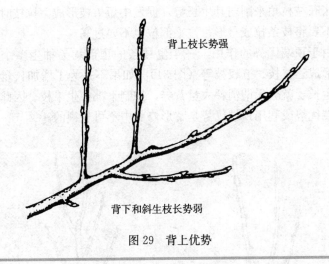

背上枝长势强

背下和斜生枝长势弱

图 29　背上优势

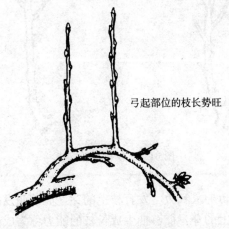

弓起部位的枝长势旺

图 30　弓起优势

　　在整形修剪时，注意所留枝条处在的位置，调控枝条的生长，达到不同的整形修剪目的。例如，为了使树体生长转旺，可多留直立枝、背上枝，或剪口下留饱满芽剪截，或抬高弱枝的枝角来增强生长势；如果为了缓和树势，提早结果，可多留水平枝和下垂枝，或开张旺枝枝角来削弱其生长势，促发中短果枝形成。拉枝时还要注意不要将枝条拉成弓形，拉平部位也不要过高。

由于顶端优势的作用，一年生枝条的顶部均易抽生多个发育枝，形成三杈枝、五杈枝等（图31）。如果不是为了增加枝量，放任其生长，就会无谓消耗大量营养，抑制下部抽生果枝。因此，削弱顶端优势或利用顶端优势是整形修剪中不可忽视的。

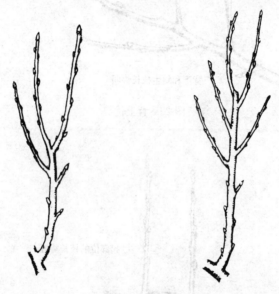

图31　三杈枝、五杈枝

（3）萌芽力和成枝力　发育枝上的芽，能够萌发的能力称为萌芽力。发育枝上的芽，能够抽生成长枝的能力称为成枝力。萌芽力与成枝力的强弱，是确定不同整形修剪方法的重要依据之一。枝条上萌动的芽多，没萌动的芽少，称为萌芽力高，反之称为萌芽力低。枝条上抽生的长枝多，称为成枝力高，抽生的长枝少，称为成枝力低（图32、图33）。萌芽力与成枝力是品种生长特性，是修剪技术的依据之一，萌芽力与成枝力的高低还与修剪强度有关。修剪时要根据不同品种、不同枝条其萌芽力与成枝力高低不同的特性，确定修剪方法，对成枝力较强的品种和枝条，要多缓放、促控结合，促进花芽形成。对成枝力较弱的品种和枝条，要适量短截、促发长枝，增加枝量。

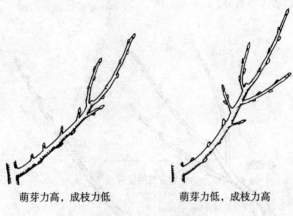

萌芽力高，成枝力低　　　　　萌芽力低，成枝力高

图 32　萌芽力与成枝力

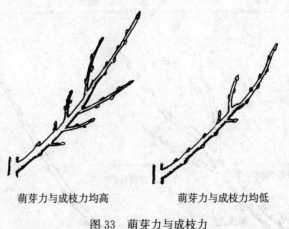

萌芽力与成枝力均高　　　　　萌芽力与成枝力均低

图 33　萌芽力与成枝力

（4）生长量与生长势　生长量是指枝轴的粗细。枝轴粗，称生长量大，枝轴细，称生长量小。生长势是指当年生枝的长度。当年

23

枝生长越长，生长势越强；生长越短，生长势越弱。一般生长势强时，生长量小（枝轴细）不易形成花芽，这也是剪留短的反应（图34）；生长势弱时，生长量大（枝轴粗）容易形成花芽，这也是剪留长的反应（图35）。

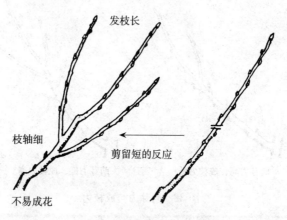

图34　生长势强，不易成花

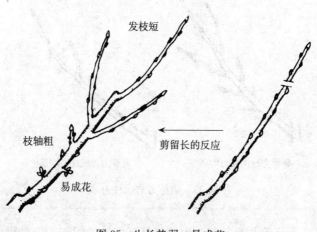

图35　生长势弱，易成花

（5）**层性** 由于顶端优势的作用，新萌发的枝多集中于顶部，构成一年一层向上生长，形成层次分布，上部萌生强枝，中下部萌生中、短枝，基部芽不萌发成潜伏芽，这种现象在多年生长后就形成了层性，在整形修剪中可利用层性人工培养分层的树形（图36），或利用层性的强弱确定树形，中心干延长枝剪留的越长，层间距越大，反之层间距越小。

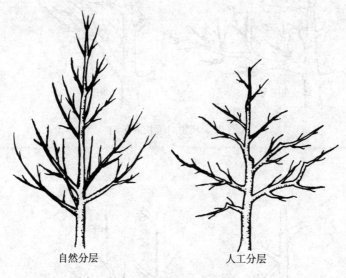

自然分层　　　　　　　　　人工分层

图36　层　性

（6）**枝角** 枝的角度对枝的生长影响很大，保持一定的角度不仅可以充分利用空间，而且可以使顶端优势和背上优势相互转化。角度小时，背上优势弱，顶端优势强；角度大时，顶端优势弱，背上优势强（图37）。枝角小，枝条易生长过旺，成花难，还易形成"夹皮枝"，夹皮枝在拉枝、撑枝、坠枝时容易从分枝点劈裂，或受伤引起流胶（图38，图39）。

6. 栽培条件与整形修剪的关系 栽植密度小的果园，宜采用大冠型整形，栽植密度大的果园，宜采用小冠型整形；立地条件差

25

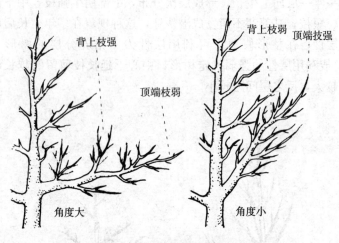

图 37　枝角对生长的影响

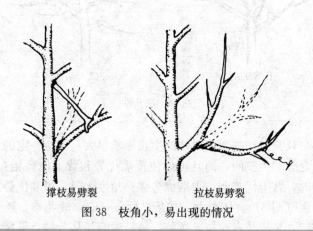

图 38　枝角小，易出现的情况

的果园，其树体生长不会强旺，宜采用低干、小冠型整形，并注意
复壮（图 40）。相反宜采用中、大型树冠整形（图 41）。

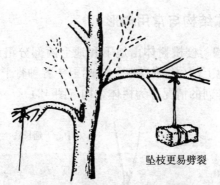

坠枝更易劈裂

图 39　枝角小，易出现的情况

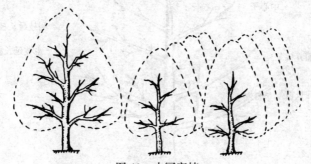

图 40　小冠密植

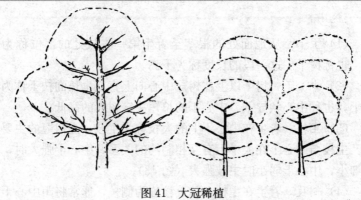

图 41　大冠稀植

（二）树体结构与常用树形

1. 树体结构 樱桃树体由地下和地上两部分组成，地下部分统称为根系，地上部分统称为树冠。树冠中各种骨干枝和结果枝组在空间上分布排列的情况称为树体结构（图42）。

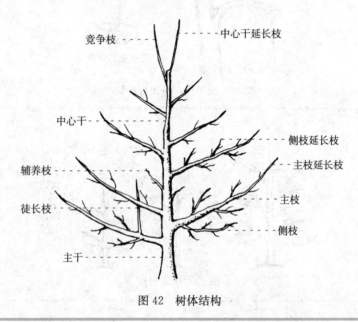

图42　树体结构

（1）**主干** 从地面处的根茎至着生第一主枝处的部位称为主干，也称树干。这一段的长度称为干高。

（2）**中心干** 树干以上在树冠中心向上直立生长的枝干称为中心干，也称中心领导干。中心干的长短决定树冠的高低。

（3）**主枝** 着生在中心干上的大枝称为主枝，是树冠的主要骨架。主枝与中心干在大小上有互相制约的关系，中心干强大时，主枝细小，中心干弱小时主枝强大（图43）。

（4）**侧枝** 着生在主枝上的分枝称为侧枝，通常将距中心干最近的分枝称第一侧枝，以此向外称第二、第三侧枝等（图44）。

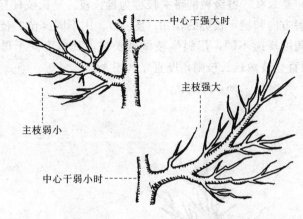

图 43　中心干与主枝制约关系

主干、中心干、主枝和侧枝构成树形骨架，被称为骨干枝。骨干枝是在树冠中起骨架负载作用的粗大定型枝。

（5）辅养枝　着生在主干、主枝间作为临时补充空间用的，并用来辅养树体、增加产量的枝称为辅养枝（图 44）。

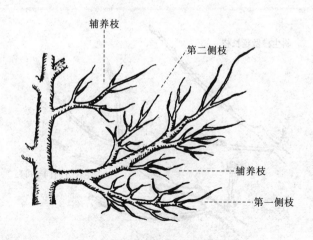

图 44　侧枝与辅养枝

(6) 延长枝 各级枝的带头枝称为延长枝。延长枝具有引导各级枝发展方向和稳定长势的作用（图45）。用不同部位的枝做延长枝，其角度反应不同，用斜生枝做延长枝，其角度同于母枝（图46）。用直立枝做延长枝则角度直立（图47）。

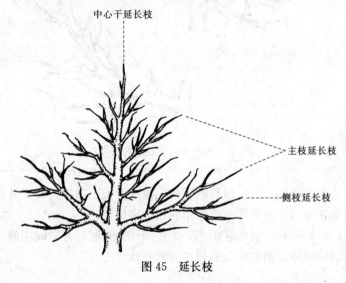

中心干延长枝

主枝延长枝

侧枝延长枝

图45 延长枝

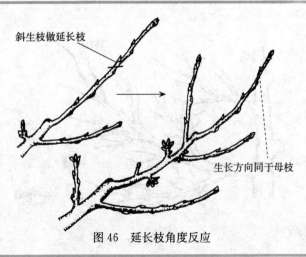

斜生枝做延长枝

生长方向同于母枝

图46 延长枝角度反应

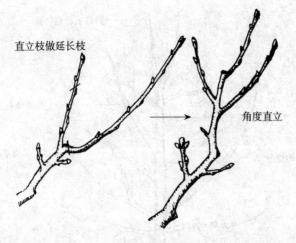

直立枝做延长枝

角度直立

图 47　延长枝角度反应

（7）竞争枝和徒长枝　在剪口下的第二芽萌发后，比第一芽长势旺或长势与第一芽差不多的枝条，称为竞争枝；或以主枝与中心干的粗度比、侧枝与主枝的粗度比来衡量定性，主枝与中心干、侧枝与主枝的粗度比超过 0.5～0.6：1 的枝，都称为竞争枝。竞争枝生长势强，常扰乱树形，需加以抑制或早期短截或疏除（图 48）。

由潜伏芽萌发出的、长势强旺的枝条称为徒长枝（图 49），这类枝条多处在背上直立处，或枝干基部，或剪锯口处，这类枝条消耗营养多，利用价值低。

（8）结果枝和结果枝组　着生在骨干枝上有花芽的单个枝条称为结果枝。着生在骨干枝上，具有两个以上结果枝构成的枝组称为结果枝组。结果枝组是由枝轴和若干个结果枝组成，是樱桃树的主要结果部位，在幼树期和初结果期，能够培养出较多的结果枝和结果枝组，使树冠丰满，为早结果、早丰产奠定基础（图 50）。盛果期以后，管理好结果枝组不旺也不衰，是获得连年丰产的基础。

根据枝组的大小可分为大型结果枝组、中型结果枝组和小型结果枝组三种类型（图 51）。大型结果枝组成形慢、结果晚，寿命

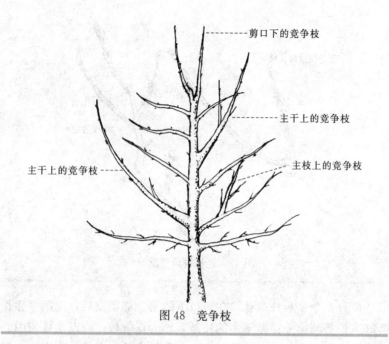

剪口下的竞争枝

主干上的竞争枝

主干上的竞争枝

主枝上的竞争枝

图48 竞争枝

锯口处的徒长枝

主枝背上的徒长枝

图49 徒长枝

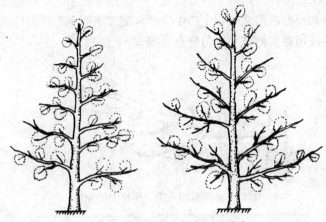

图 50　结果枝组在树冠上的分布

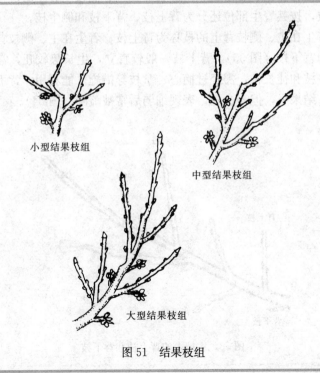

小型结果枝组

中型结果枝组

大型结果枝组

图 51　结果枝组

长；小型结果枝组结果早、寿命短；中型结果枝组的结果期与寿命居大型和小型枝组之间，生产中应尽可能多培养中型结果枝组，并使各类枝组在主侧枝上均匀分布（图52）。

图52　结果枝组在主、侧枝上的分布

（9）背上枝、背下枝和侧生枝　在主、侧枝上着生的发育枝和结果枝，按其着生部位还分为背上枝、背下枝和侧生枝。

着生在主、侧枝背上的枝称为背上枝；着生在主、侧枝背下的枝称为背下枝（图53）。背上枝一般较直立，生长势较旺，常发育成竞争枝和徒长枝，需经过摘心、拿枝等措施才能利用；背下枝长势弱、结果早，但寿命短，表现细弱后常被疏除（图54）。

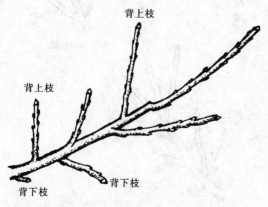

图53　主枝上的背上枝和背下枝

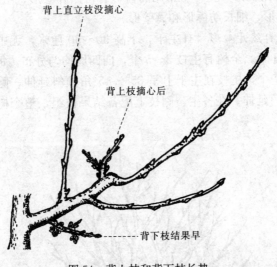

图 54　背上枝和背下枝长势

　　着生在主、侧枝侧面的枝，称为侧生枝（图 55），因其角度倾斜，所以也称为斜生枝。侧生枝长势中庸，结果早，利用价值高。

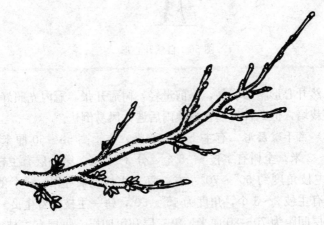

图 55　侧生枝

2. 常用树形 生产中常用的树形有自然开心形、主干疏层形、改良主干形、细长纺锤形和篱壁形。

（1）自然开心形 有主干，干高 30～50 厘米，无中心干，树高 2.5～3 米。全树有主枝 3～5 个，向四周均匀分布。每主枝上有侧枝 6～7 个，主枝在主干上呈 35°～45°角倾斜延伸，侧枝在主枝上呈 50°角延伸。在各主、侧枝上配备结果枝组，整个树冠呈圆形（图 56）。

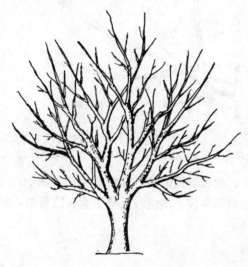

图 56 自然开心形

自然开心形整形容易，修剪量轻，树冠开张，冠内光照好，适于稀植栽培，但此种树形在露地雨后遇大风易倒伏。

（2）主干疏层形 有主干和中心干。主干高 50～60 厘米，树高 2.5～3 米。全树有主枝 6～8 个，分 3～4 层，第一层有主枝 3～4 个，主枝角度约 60°～70°左右，每一主枝上着生 4～6 个侧枝。第二层有主枝 2～3 个，角度为 45°～50°，每一主枝上着生 2～3 个侧枝。层间距为 70～80 厘米。第三层和第四层，每层有主枝 1～2 个，主枝角度 30°～45°，每主枝上着生侧枝 1～2 个，层间距 50～

60厘米。在各主、侧枝上配备结果枝组（图57）。

图57　主干疏层形

主干疏层形修剪量大，整形修剪技术要求高，成形慢，但进入结果期后，树势和结果部位比较稳定，坐果均匀，适于稀植栽培。

（3）**改良主干形**　有主干和中心干，主干高30～50厘米，树高2～3米。在中心干上着生10～15个单轴延伸的主枝，可分层或不明显分层，主枝由下而上呈螺旋状分布。下部主枝间距为10～15厘米，向上依次加大到15～20厘米，主枝上无侧枝，直接着生结果枝和结果枝组（图58）。

改良主干形树体结构简单，容易培养，冠内光照好，适于密植栽培。

（4）**细长纺锤形**　与改良主干形相似，有主干和中心干，主干高40～50厘米，树高2～3米，冠径1.5～2米。在中心干上，均匀轮状着生长势相近、水平生长的15～20个小型主枝（也称侧生分枝）或第一层有三主枝。主枝上不留侧枝，单轴延伸，直接着生结果枝和结果枝组。下部主枝开张角度为80°～90°，上部为70°～

图 58　改良主干形

80°。下部枝略长，上部枝略短，上小下大，全树修长，整个树冠呈细长纺锤形（图 59）。

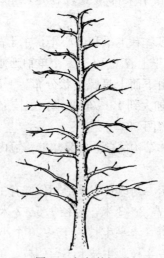

图 59　细长纺锤形

细长纺锤形树体结构简单，修剪量轻，枝条级次少，整形容易，成形和结果早，树冠通风透光好，适于密植栽培。

（5）篱壁形　篱壁形树需要由立柱和铁丝支撑，将枝条绑在铁丝上，形成篱壁形。其树形和立架方式与葡萄的单臂立架相似，也有同葡萄整形相似的双臂篱架式。该树形有主干和中心干，主干高40～50厘米，树高2～2.5米，冠长2～3米，树篱宽1.0～2米。在中心干上着生4～5层水平生长的8～10个主枝，即每层两个主枝，顺行对生，在主枝上直接配备中、小型结果枝组。层间距为30～40厘米（图60）。

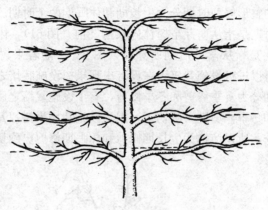

图 60　篱壁形

篱壁树形主枝角度开张，树冠通风透光好。由于顶端优势受到抑制，结果枝形成早，发育好，结果部位集中，采摘方便。

三、整形修剪的时期
与方法

（一）整形修剪的时期

　　樱桃的整形修剪时期分为生长期和休眠期两个时期。生长期整形修剪的时期是指从萌芽至树体停长落叶前（图61），休眠期整形修剪的时期是指从落叶后到萌芽前（图62）。随着果树生产的发展，樱桃可以进行设施栽培，在没有出现果树设施栽培之前，果树的修剪时期分为夏季修剪和冬季修剪，有了设施栽培之后，再称为夏季修剪和冬季修剪就不确切了，因为设施栽培果树，其树体生长提前在冬季，所以应称为生长期修剪和休眠期修剪更确切。

图 61　生长期修剪

图 62 休眠期修剪

对于甜樱桃而言，休眠期的修剪时间最好应该是在萌芽初期，此时修剪，伤口愈合快，但是大的果园是不容易做到的。生长期的整形修剪时间应该是在萌芽开始至夏末结束，如过晚，伤口易流胶，也不利于完全愈合，对促进花芽分化更是无效的。

生长期的适时整形修剪尤为重要，生长期整形修剪能及时消除新梢的无效生长，可以及时调整骨干枝的角度，增加分枝量，使树体早成形、早成花。生长期修剪有利于伤口愈合，可以减轻休眠期修剪对树体的伤害，还可以减轻休眠期修剪的压力。

（二）整形修剪的主要方法

樱桃整形修剪的方法主要有拉枝、缓放、短截、疏枝、回缩、摘心、拿枝、刻芽和除萌等。其中拉枝、摘心、拿枝、剪梢和除萌等是生长期修剪的主要方法。缓放、短截、疏枝和回缩等是休眠期修剪的主要方法。

1. 拉枝 将枝拉成一定的角度或改变方位称拉枝。

拉枝法主要用在直立枝、角度小的枝和长势较旺或下垂的主枝

41

或侧枝上。拉枝的手段主要有绳拉、绳吊、木棍撑、石头坠等（图63至图66）。

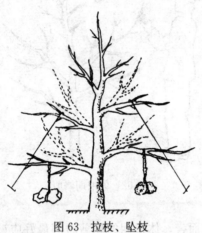

图63 拉枝、坠枝

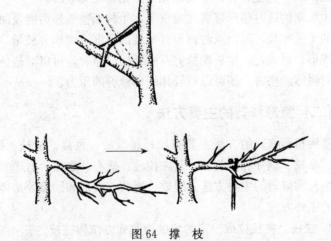

图64 撑 枝

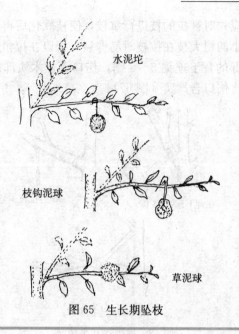

水泥坨

枝钩泥球

草泥球

图 65　生长期坠枝

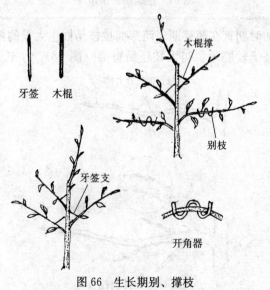

牙签　木棍

木棍撑

别枝

牙签支

开角器

图 66　生长期别、撑枝

　　拉枝前应先对被拉的枝进行拿枝，使枝软化后再拉枝，以防止折断。角度小的粗大枝在拉枝时易劈裂，所以在拉角度小、粗大枝时应在其基部的背下连锯 3～5 锯，伤口深达木质部的 1/3 处后再拉，拉时要将伤口合严实（图 67）。

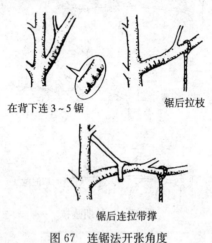

在背下连 3～5 锯　　　　　锯后拉枝

锯后连拉带撑

图 67　连锯法开张角度

　　拉枝的时期宜在萌芽期。萌芽前拉枝易抽生大量的背上枝，萌芽前由于枝干较脆硬，粗大枝还易劈裂（图 68）。生长后期拉枝，

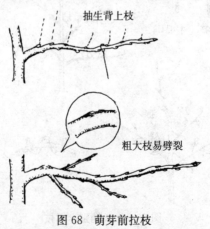

抽生背上枝

粗大枝易劈裂

图 68　萌芽前拉枝

其受伤部位易发生流胶病，在越冬时还易发生冻害。

对一年生枝条进行拉枝时，必须与刻芽、抹芽等措施相结合，方能抽生较多的中短枝条，前后长势才能均衡（图69）。如果只拉不刻芽，不抹背上芽、不去顶芽，则背上直立枝多，前部旺后部弱，中短枝少（图70）。

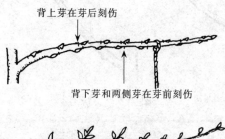

背上芽在芽后刻伤

背下芽和两侧芽在芽前刻伤

刻后萌芽

图69　拉枝与刻芽相结合

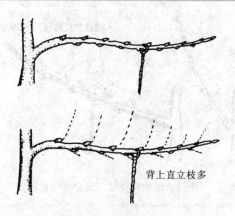

背上直立枝多

图70　只拉不刻芽，导致背上直立枝多

2. 缓放　对一年生枝条不进行剪截，或只剪除顶芽和顶部的几个轮生芽，任其自然生长的方法称为缓放，也称长放或甩放（图71）。

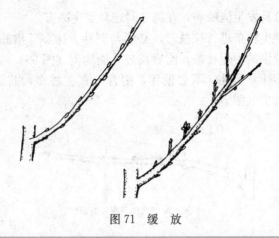

图 71　缓　放

缓放能减缓新梢长势、增加短枝和花束状果枝的数量，有利于花芽的形成，是幼树和初结果期树常用的修剪方法。缓放的枝条应与拉枝、刻芽、疏枝等措施相结合应用，利于花芽的形成和减少发育枝的数量效果才会显著（图 72）。

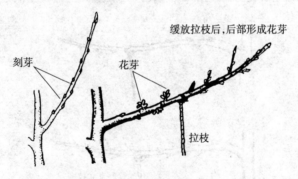

图 72　缓放与拉枝、刻芽等结合

3. 疏枝　将一年生枝从基部剪除，或将多年生枝从基部锯除称为疏枝。

疏枝主要用于疏除竞争枝、徒长枝、重叠枝、交叉枝、多余枝等（图 73、图 74）。疏枝后利于改善冠内通风透光条件，平衡树

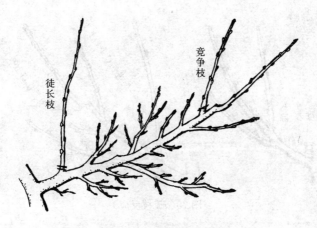

图 73　疏除竞争枝、徒长枝

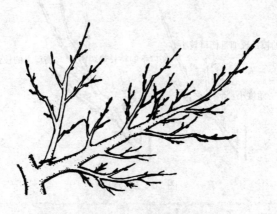

图 74　疏除强旺大枝、重叠交叉枝

势，减少养分消耗，促进后部枝组的长势和花芽发育。疏枝后造成的伤口能妨碍母枝营养上运，对伤口以上的枝芽生长有削弱作用，对伤口以下的枝芽生长有促进作用（图75）。被疏除的枝条较细且伤口较小，疏除部位上部枝条较粗时，不但不会削弱，反而还会有促进作用（图76）。

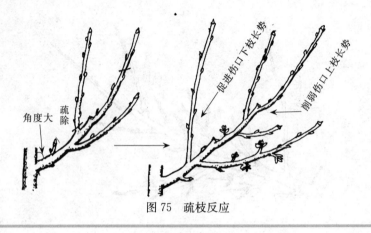

图 75　疏枝反应

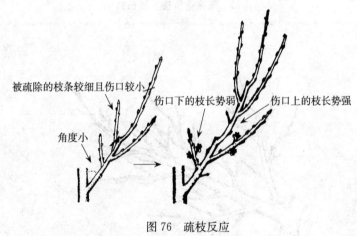

图 76　疏枝反应

4. 短截　将一年生枝条剪去一部分，留下一部分称为短截，也称剪截。

短截是樱桃整形修剪中应用最多的一种方法，根据短截的程度不同，可分为轻短截、中短截、重短截和极重短截四种。

（1）轻短截　剪去枝条全长的 1/3 或 1/4 称为轻短截。轻短截有利于削弱枝条顶端优势，提高萌芽力，降低成枝力。轻短截后形成中短枝多，长枝少，易形成花芽（图 77）。

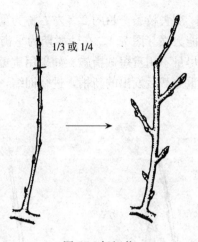

1/3 或 1/4

图 77　轻短截

（2）中短截　剪去枝条全长的 1/2 左右称为中短截。中短截有利于维持顶端优势，中短截后形成中长枝多，但形成花芽少（图78）。幼树期对中心干延长枝和各主侧枝的延长枝，多采用中短截措施来扩大树冠。

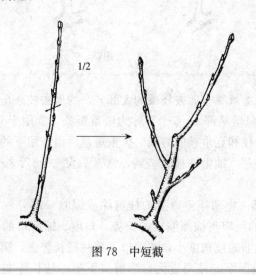

1/2

图 78　中短截

（3）**重短截** 剪去枝条全长的2/3左右称为重短截。重短截抽枝数量少，发枝能力强（图79）。在幼树期为平衡树势常用重短截措施，对背上枝尽量不用重短截措施。如果用重短截培养结果枝组时，第二年要对重短截后发出的新梢，进行回缩，培养成小型结果枝组。

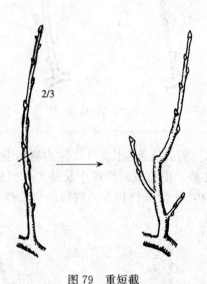

图 79　重短截

（4）**极重短截** 剪去枝条的大部分，约剪去枝条全长的3/4或4/5左右，只留基部4～6个芽称为极重短截。常用于分枝角度小、直立生长的枝和竞争枝的剪截。极重短截后由于留下的芽大多是不饱满芽和瘪芽，抽生的枝长势弱，常常只发1～2个枝，有时也不发枝（图80）。

5. 回缩 将两年生以上的枝剪除或锯除一部分称为回缩（图81）。回缩的反应与被回缩枝的长势、角度、缩剪口的留法有密切关系。被回缩的枝角度小，缩剪口下第一枝长势强，第二枝长势弱（图82）。被回缩的枝角度大，缩剪口下第一枝长势弱，第二枝长

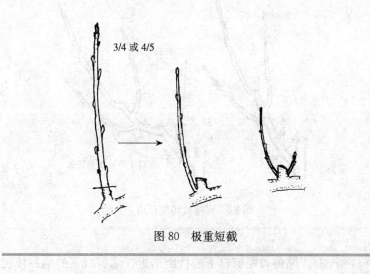

3/4 或 4/5

图 80 极重短截

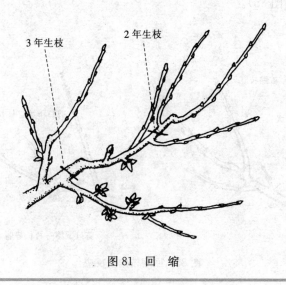

3 年生枝

2 年生枝

图 81 回 缩

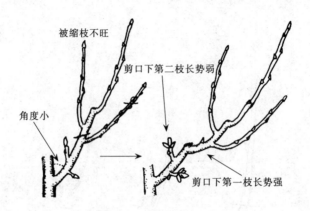

图 82　回缩枝角度反应

势强（图 83）。缩剪口距剪口下的枝距离近，缩剪口下的第一枝长势弱，第二枝长势强（图 84）。距离较远则第一枝长势强，第二枝长势弱（图 85）。

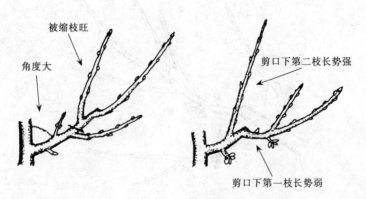

图 83　回缩枝角度反应

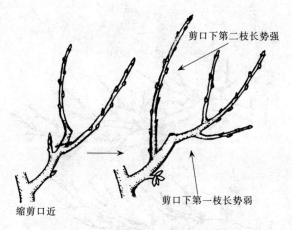

剪口下第二枝长势强

剪口下第一枝长势弱

缩剪口近

图 84　缩剪口距离反应

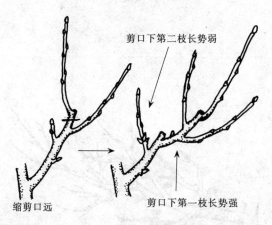

剪口下第二枝长势弱

剪口下第一枝长势强

缩剪口远

图 85　缩剪口距离反应

　　回缩主要是对留下的枝有增强长势、更新复壮的作用，主要用于骨干枝在连续结果多年后长势衰弱需要复壮时（图 86）或下垂的衰弱结果枝组需要去除时（图 87），或过于冗长与行间、株间形成交叉的枝组，需要改善通风透光条件，也方便作业时（图 88）。

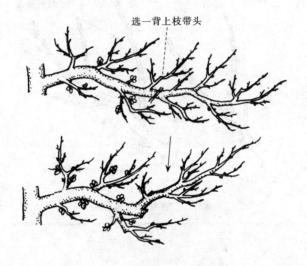

选一背上枝带头

图 86　复壮回缩

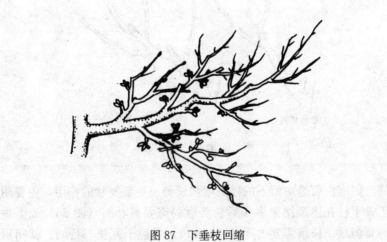

图 87　下垂枝回缩

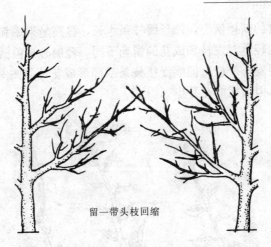

留一带头枝回缩

图 88　行间株间交叉枝回缩

6. 摘心　对当年生新梢,在木质化之前,用手摘除新梢先端部分称为摘心。木质化后用剪子剪除新梢先端部分称剪梢。摘心和剪梢是樱桃生长季节整形修剪作业中应用最多的方法之一。对幼树上的当年生延长枝的新梢摘心,目的是促发分枝,扩大树冠(图 89)。

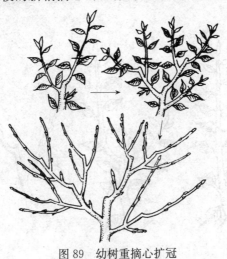

图 89　幼树重摘心扩冠

对结果树上的新梢摘心，能延缓枝条生长，提高坐果率和花芽分化率。摘心的轻重对发枝和成花的影响不同，轻摘心，包括连续轻摘心，只能促发一个枝，但能促使枝条基部形成花芽（图90）。重摘心发枝多，但形成的花芽少（图91）。

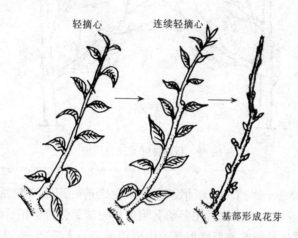

图 90　轻摘心反应

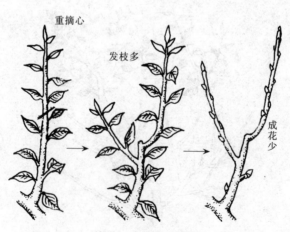

图 91　重摘心反应

7. 拿枝 用手对一年生枝从基部逐步将至顶端,伤及木质部而不折断的方法称为拿枝。

拿枝的作用是缓和旺枝的长势,调整枝条方位和角度,又能促进成花,是生长期对直立的、长势较旺的枝条应用的一种方法(图92)。拿枝后可结合使用开角器来稳固拿枝效果(图93)。

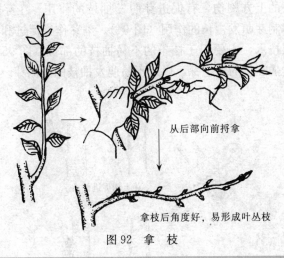

从后部向前将拿

拿枝后角度好,易形成叶丛枝

图 92 拿 枝

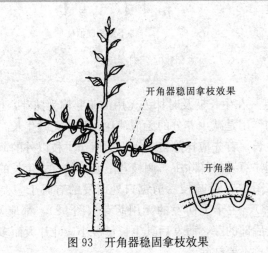

开角器稳固拿枝效果

开角器

图 93 开角器稳固拿枝效果

8. 刻芽 刻芽也称目伤，即在芽的上方或下方用小刀或小锯条横刻或划一道，深达木质部的方法称为刻芽。刻芽的作用是提高侧叶芽的萌发质量。

刻芽时间多在萌芽初，在芽顶变绿尚没萌发时进行。秋季和早春，芽没萌动之前不能刻伤，以免引起流胶。

在芽的上方刻伤，有促进芽萌发抽枝的作用。在芽的下方刻伤，有抑制芽萌发生长的作用（图 94）。刻芽作为促进和抑制芽生长的一项技术，主要用于枝条的不易抽枝的部位（图 95）和拉枝后易萌发强旺枝的背上芽，以及不易萌发抽枝的两侧芽。

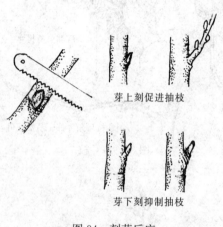

芽上刻促进抽枝

芽下刻抑制抽枝

图 94　刻芽反应

9. 抹芽 在生长期及时抹去无用的萌芽称为抹芽，也称除萌。

抹芽的作用是减少养分的无谓消耗，防止无效生长，集中营养用于有效生长。首先应抹除苗木定干后留作主枝以外的萌芽，以后每年生长期注意及时抹除主、侧枝背上萌发的直立生长的或向内生长的萌芽（图 96）及疏枝后剪锯口处萌发的有碍于主要枝生长的萌芽（图 97）、主干上萌发的无用萌芽（图 98），都应及时抹除。但在各级枝后部的芽，萌发后其生长量极小，叶片大而多，常形成叶丛枝，注意不要抹除。

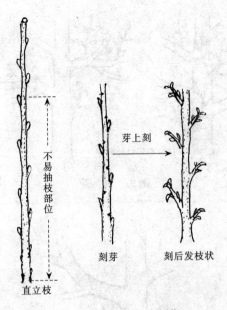

图 95　不易抽枝部位刻伤

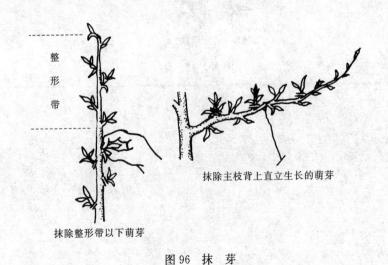

图 96　抹　芽

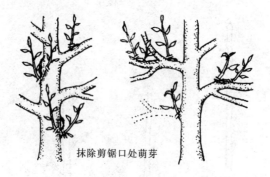

抹除剪锯口处萌芽

图 97　抹　芽

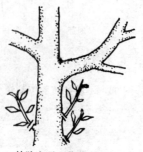

抹除主干上萌芽

图 98　抹　芽

四、主要树形的整形 修剪技术

（一）主要树形的整形方法

1. 自然开心形 选用高度在 80 厘米以上的健壮苗木栽植。栽后在距地面 50~60 厘米处定干，上部留 15~20 厘米作整形带，在整形带内选择方位不同的 3~5 个饱满芽，进行芽上刻伤。萌芽后抹除整形带以下的萌芽，在整形带内选留 3~5 个向外侧生长的、长势大致一致的分枝作主枝，其余萌芽抹除（图 99）。

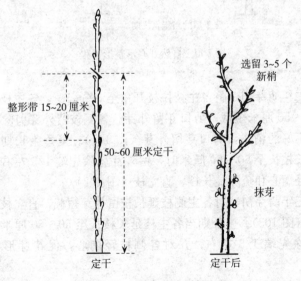

整形带 15~20 厘米

50~60 厘米定干

定干

选留 3~5 个新梢

抹芽

定干后

图 99 自然开心形整形过程

当年生长期，当各主枝长至 50～60 厘米时，留外芽剪除先端 1/3，促发 2～3 个分枝，对各主枝选居中间的外侧枝作扩大树冠的延长枝，两侧斜生枝作侧枝，注意及时抹除内侧直立梢（图 100）。

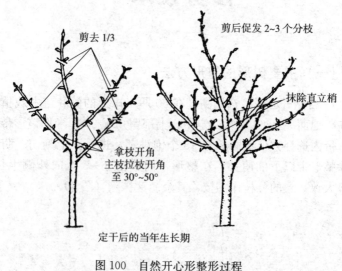

剪去 1/3

剪后促发 2~3 个分枝

抹除直立梢

拿枝开角
主枝拉枝开角
至 30°~50°

定干后的当年生长期

图 100　自然开心形整形过程

第二年萌芽初，将各主枝拉枝开角至 30°～50°，各主枝的延长枝留 40～50 厘米短截，剪口芽留外芽。各侧枝留外芽剪除顶芽或成熟度不好的梢头，剪口芽留外芽（图 101）。夏季生长期，当各主枝延长枝长至 50～60 厘米时，留外芽剪除先端 1/3 左右，并对各侧枝轻摘心和疏除徒长枝、直立枝（图 102）。

第三年萌芽初，对各主侧枝延长枝留外芽短截，直立枝和徒长枝疏除（图 103）。生长期当各主枝延长枝长至 50～60 厘米时，留外芽摘除先端 1/3 左右，并对各侧枝轻摘心，促花芽形成（图 104）。

经 3 年的培养，主侧枝基本成形，可停止短截和摘心，进行缓放，或轻短截。

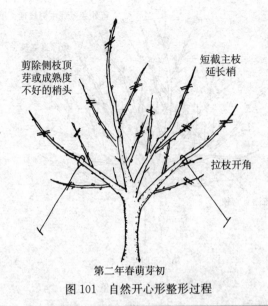

剪除侧枝顶芽或成熟度不好的梢头

短截主枝延长梢

拉枝开角

第二年春萌芽初

图 101　自然开心形整形过程

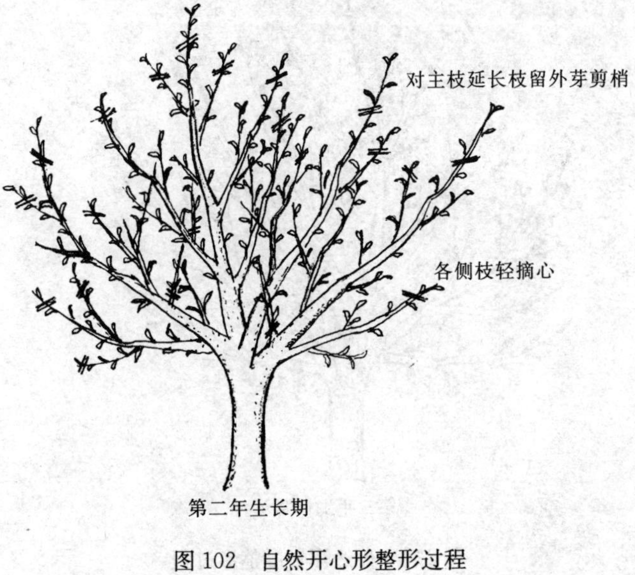

对主枝延长枝留外芽剪梢

各侧枝轻摘心

第二年生长期

图 102　自然开心形整形过程

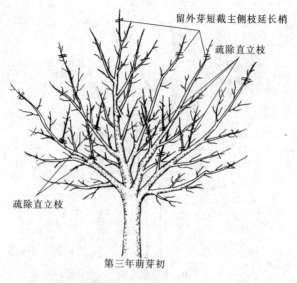

留外芽短截主侧枝延长梢

疏除直立枝

疏除直立枝

第三年萌芽初

图 103　自然开心形整形过程

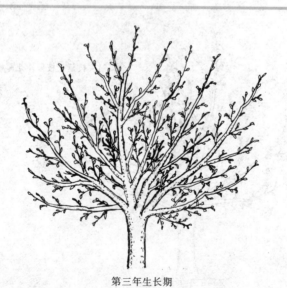

第三年生长期

图 104　自然开心形整形过程

2. 主干疏层形 选用高度在 80 厘米以上的健壮苗木栽植，栽后在距地面 60～70 厘米处定干，保留 20 厘米的整形带，在整形带内选择方位不同的 4～5 个饱满芽，进行芽上刻伤。萌芽后抹除多余萌芽和整形带以下的萌芽（图 105）。

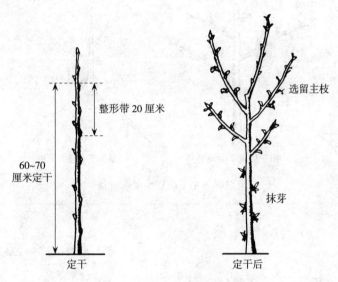

图 105　主干疏层形整形过程

当年生长期，选择 4 个生长势大致一致的新梢留作主枝，疏除竞争枝，将位置最高的一个枝作中心干延长枝，其余三主枝作第一层主枝培养，三主枝在主干上方位分布均匀，并将主枝拿枝开角（牙签支或夹子坠）呈 60°～70°（图 106）。

第二年萌芽初，将中心干留 60～70 厘米短截，培养第二层主枝，并将第一层 3 个主枝留 50～60 厘米短截，剪口留外芽，还要注重对主枝上的侧芽进行芽前刻伤，促发侧枝形成，并将角度不好的主枝进行拉枝。生长期对第二层主枝进行拿枝开角，摘除梢头多余分枝，并对中心延长梢摘心，促发第三层主枝。对第一层主枝上的背上新梢进行重摘心或摘除（图 107）。

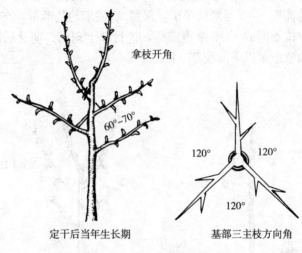

拿枝开角

60°~70°

120° 120°

120°

定干后当年生长期   基部三主枝方向角

图 106   主干疏层形整形过程

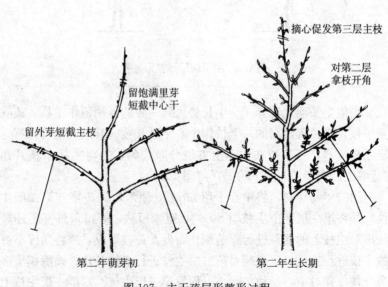

摘心促发第三层主枝

对第二层
拿枝开角

留饱满里芽
短截中心干

留外芽短截主枝

第二年萌芽初   第二年生长期

图 107   主干疏层形整形过程

第三年萌芽初，如果计划培养四层主枝，可对中心干留50~60厘米短截，培养第四层主枝，如果只留三层主枝，就可将中心干延长枝落头处理。各主枝延长枝继续留外芽短截，同时对主枝上的侧芽进行芽前刻伤，促发侧枝形成，并疏除直立枝和徒长枝等，对第二层主枝进行拉枝，并将第一层主枝的拉枝绳前移（图108）。

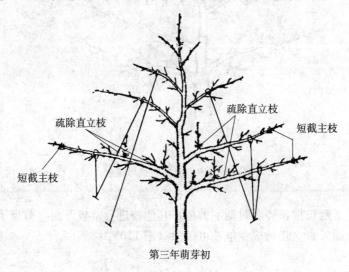

疏除直立枝

疏除直立枝

短截主枝

短截主枝

第三年萌芽初

图108　主干疏层形整形过程

生长期间，对第三、四层主枝拿枝处理，注意抹除多余萌芽，和摘除梢头多余分枝，长势过旺的主、侧枝可对其进行连续轻摘心，培养结果枝，经三年的培养基本可以达到标准的树形（图109）。

第四年主要短截、回缩侧枝，培养结果枝和结果枝组。

3. 改良主干形　选用高度在80厘米以上的健壮苗木栽植，栽后在距地面50~60厘米处定干，留15厘米作整形带，在整形带内选择方位不同的4~6个饱满芽，进行芽上刻伤。萌芽后选择方位分布均匀、长势大致一致的4~6个新梢培养主枝，其余萌芽一律抹除。生长期选第一新梢保持直立生长，培养中心干，中心干延长枝长至50~60厘米时，留30~40厘米剪梢，促发2~3个分枝。

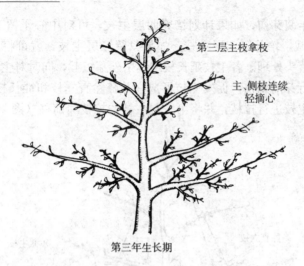

第三层主枝拿枝

主、侧枝连续
轻摘心

第三年生长期

图 109　主干疏层形整形过程

中心干延长梢长势弱时则不剪梢，其他枝进行拿枝开角，剪口下第二枝如果直立旺长成竞争枝可疏除（图 110）。

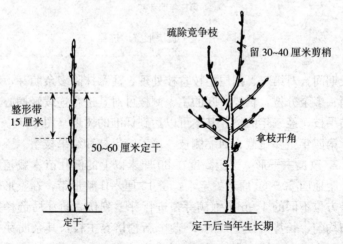

疏除竞争枝

留 30~40 厘米剪梢

整形带
15 厘米

50~60 厘米定干

拿枝开角

定干

定干后当年生长期

图 110　改良主干形整形过程

第二年萌芽初，对上年培养的下部主枝进行拉枝不短截，只剪除梢头的几个轮生芽，疏除多余分枝，同时对主枝上的侧芽进行芽前刻伤，促发侧枝形成。中心干延长枝留 30～40 厘米短截（图111）。生长期注意剪除主枝上的直立新梢，和梢头多余分枝，并将上年培养的上部主枝拿枝开角，中心干延长枝继续摘心，促发分枝（图 112）。

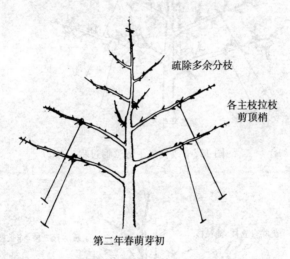

疏除多余分枝

各主枝拉枝
剪顶梢

第二年春萌芽初

图 111　改良主干形整形过程

第三年萌芽初继续拉枝，主枝延长枝留外芽轻短截，疏除徒长枝和直立枝。中心干延长枝留 30～40 厘米短截（图 113）。生长期的整形修剪同第二年生长期，主要抹除多余萌芽和摘除主枝背上直立新梢、徒长枝等。对主枝上的侧生分枝中度摘心，培养结果枝或结果枝组（图 114）。

第四年修剪同第三年，主要疏除内膛徒长枝和直立枝，当株间无空间时，可停止短截主枝延长梢，稳定树势，培养结果枝和结果枝组。

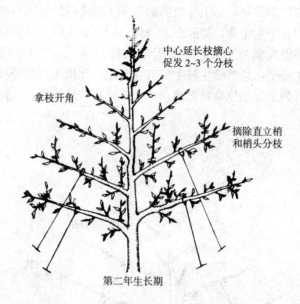

中心延长枝摘心
促发 2~3 个分枝

拿枝开角

摘除直立梢
和梢头分枝

第二年生长期

图 112 改良主干形整形过程

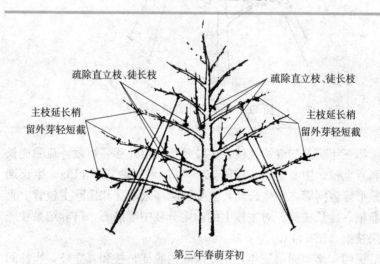

疏除直立枝、徒长枝

疏除直立枝、徒长枝

主枝延长梢
留外芽轻短截

主枝延长梢
留外芽轻短截

第三年春萌芽初

图 113 改良主干形整形过程

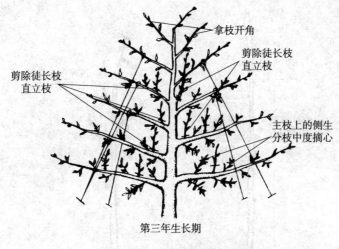

第三年生长期

图 114　改良主干形整形过程

4. 细长纺锤形　选用高度在 100 厘米以上的健壮苗木栽植，栽后在距地面 80～100 厘米处定干，在上部留 40～50 厘米作整形带，在整形带内间隔 8～10 厘米左右留一轮状分布的饱满芽，并在芽上刻伤。萌芽后培养 4～6 个新梢，抹除多余萌芽。剪口下如有竞争梢可重摘心（图 115）。生长期当中心干延长梢长至 50～60 厘米时留 30～40 厘米摘心，促发 2～3 个分枝，并对下部主枝拿枝开角（图 116）。

第二年萌芽初，对下部主枝进行拉枝，并对主枝上的侧生芽进行芽前刻伤，中心干延长梢留 30～40 厘米短截。疏除徒长枝，留外芽剪除各主枝的顶芽（图 117）。生长期对上部主枝拿枝开角，疏除下部主枝上的梢头分枝，保留延长梢。摘除主枝和主干上的直立梢和徒长枝。中心干延长梢仍留 30～40 厘米摘心，促发分枝（图 118）。

第三年萌芽初，对上部主枝进行拿枝或拉枝，各主枝上的侧生芽进行芽前刻伤，中心干延长梢留 30～40 厘米短截。树高和各主枝都达到要求高度和长度时进行缓放，没达到时继续培养（图119）。

71

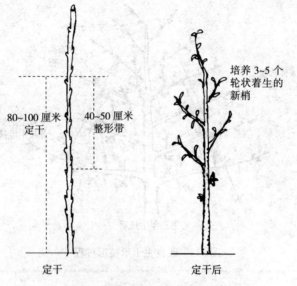

80~100 厘米
定干

40~50 厘米
整形带

培养 3~5 个
轮状着生的
新梢

定干

定干后

图 115　细长纺锤形整形过程

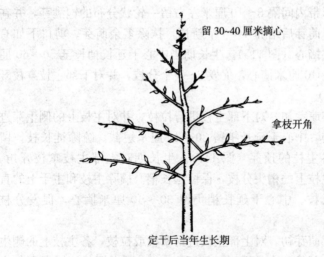

留 30~40 厘米摘心

拿枝开角

定干后当年生长期

图 116　细长纺锤形整形过程

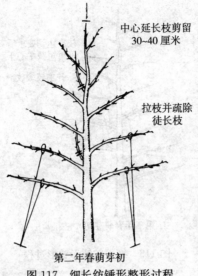

中心延长枝剪留
30~40 厘米

拉枝并疏除
徒长枝

第二年春萌芽初

图 117 细长纺锤形整形过程

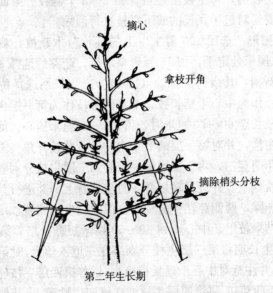

摘心

拿枝开角

摘除梢头分枝

第二年生长期

图 118 细长纺锤形整形过程

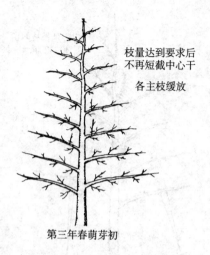

枝量达到要求后
不再短截中心干

各主枝缓放

第三年春萌芽初

图119　细长纺锤形整形过程

下部留三主枝的，每主枝上还可保留 2～3 个侧枝。第四年以后的修剪，主要是对过于冗长的或下垂枝进行回缩。

5. 篱壁形　选用 100 厘米以上的健壮苗木栽植，栽后在距地面 50～60 厘米处定干，留 15 厘米整形带，萌芽后选择 3 个长势大致相同的新梢，其余萌芽抹除（图 120）。生长期选择位于顶部中心的直立枝作为中心干延长枝，下部两个枝作为第一层主枝。当中心干延长枝长至 60～70 厘米时，留 40～50 厘米摘心，促发分枝培养第二层主枝，并对第一层的 2 个主枝进行拿枝开角（图 121）。

第二年萌芽初，将下部的第一层和第二层主枝分别顺行绑在第一、二道铁丝上，并进行轻短截，对主枝背上的芽进行芽后刻伤或在萌芽后抹除，两侧芽在芽前刻伤，促发斜生的侧枝，培养结果枝或中小型结果枝组。中心干留 40～50 厘米短截，培养第三层主枝（图 122）。生长期将第三层主枝分别绑在三道铁丝上，对第四层主枝拿枝开角，并注意对中心干延长梢摘心，培养第四层主枝（图 123）。

第三年萌芽初，将第四层主枝绑在第四道铁丝上，其他处理同第二年。经 3～4 年的培养成形，有 4～5 层主枝就不再留中心枝了（图124）。

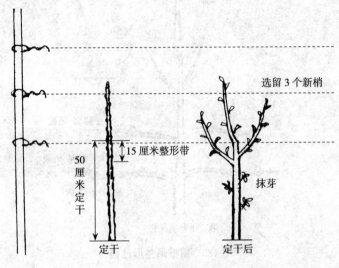

图 120　篱壁形整形过程

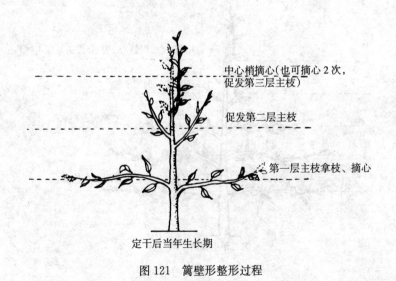

图 121　篱壁形整形过程

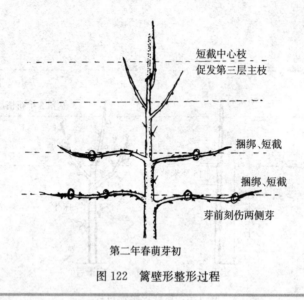

短截中心枝
促发第三层主枝

捆绑、短截

捆绑、短截

芽前刻伤两侧芽

第二年春萌芽初

图 122　篱壁形整形过程

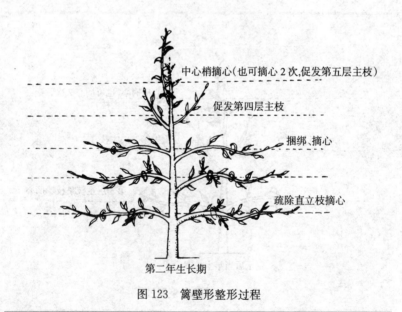

中心梢摘心(也可摘心 2 次,促发第五层主枝)

促发第四层主枝

捆绑、摘心

疏除直立枝摘心

第二年生长期

图 123　篱壁形整形过程

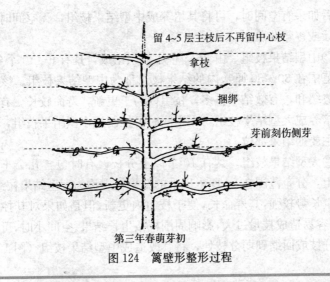

留 4~5 层主枝后不再留中心枝

拿枝

捆绑

芽前刻伤侧芽

第三年春萌芽初

图 124　篱壁形整形过程

采用双篱架栽培的，每层要选留四个主枝，如果不设篱架栽培，可以采用定位拉枝法，把主枝拉向顺行水平状，整形方法同有支柱形式。

（二）结果枝组的类型、培养与修剪

结果枝组是樱桃树结果的主要部位，它的分布与配置直接影响到树冠内部的光照、产量和果实品质。在整好树形骨架的基础上，合理布局和管理好结果枝组，才能达到早结果、早丰产、连年丰产和优质的目的。

1. 结果枝组的类型　结果枝组按其大小、形态和着生部位可分为多种类型。按枝组的大小和长势可分为大、中、小 3 种类型；按其形态特征可分为紧凑和松散两种类型；按其着生部位可分为背上、背下和侧生 3 种类型。

（1）按枝组的大小分类

①小型结果枝组。具有 2～5 个分枝，分布范围在 30 厘米以下的结果枝组称为小型结果枝组。该枝组生长势中庸或较弱，易形成花芽，是树冠内主要的结果部位，但是易衰弱寿命短，不易更新。

衰弱后如果有空间时，可将其培养成中型结果枝组，无空间时可回缩复壮或逐年疏除。

②中型结果枝组。由2~3个小枝组组成，具有6~10个分枝，分布范围在30~50厘米内的结果枝组称为中型结果枝组。该枝组生长势缓和，有效结果枝多，枝组内易于更新，寿命较长，有空间时可培养成大型结果枝组，无空间时可控制成小型结果枝组，是树冠内主要的结果部位。

③大型结果枝组。具有10个以上分枝，有时包含几个小型结果枝组，分布范围在50厘米以上的结果枝组称为大型结果枝组。该枝组生长势较强，其寿命长，便于枝组内更新，但是如果对其控制不当时，容易造成枝量过大，影响周围枝条生长结果。空间小时，可通过疏除分枝或回缩到弱分枝处，将其改造成中型结果枝组（图125）。

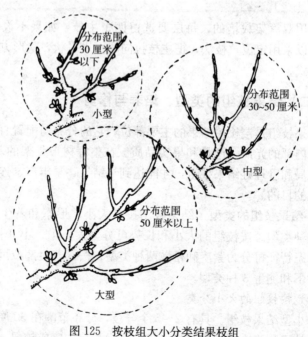

图 125　按枝组大小分类结果枝组

（2）按形状特征分类

①紧凑型结果枝组。通过对发育枝进行重短截后缓放，再回缩，或生长季对新梢重摘心后缓放、再回缩等措施，培养成的密集型结果枝组。也可先缓放，再回缩培养成枝条密集的结果枝组。

②松散型结果枝组。通过对发育枝进行轻短截或只剪除梢头的轮生芽后缓放，再轻短截缓放，而形成的单轴延伸较长的结果枝组。单轴上有 2 段以上形成花束状结果枝和短果枝，其花芽饱满坐果率高，对发育枝缓放有利于缓和幼树生长势，及时转换枝类组成，是幼树提早结果的重要措施（图 126）。

紧凑型结果枝组

松散型结果枝组

图 126　结果枝组按形状特征分类

（3）按着生部位分类

①背上结果枝组。着生在主、侧枝背上部位的结果枝组，称为背上结果枝组。因着生在背上，其角度小而直立，其极性强，生长势旺盛，易影响有效空间，所以骨干枝的背上不宜培养大型结果枝组。

②背下结果枝组。着生在主、侧枝背下部位的结果枝组，称为

背下结果枝组。因着生在背下，其角度大，生长势较弱，易形成花芽，但多年结果后或光照条件不好时易衰弱或枯死。

③侧生结果枝组。着生在主、侧枝两侧的结果枝组，称为侧生结果枝组，也称斜生结果枝组。因其斜向延伸生长，生长势缓和，容易形成花芽，是主要的结果部位（图127）。

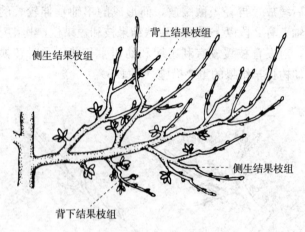

图 127　按着生部位分结果枝组

以上叙述的各类结果枝组，按其结构形态可归为两大类，即多轴式结果枝组和单轴式结果枝组（图128）。

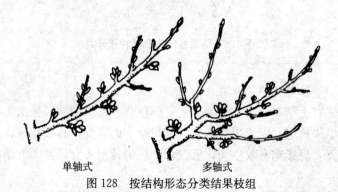

图 128　按结构形态分类结果枝组

2. 结果枝组的培养 从树体进入初结果期开始，就应该注重做好结果枝组的培养工作。结果枝组的多少，直接影响到产量的多少。因此，应适时采取不同手段培养结果枝组。

（1）连放法培养单轴延伸式结果枝组 单轴延伸式结果枝组，也称鞭杆式结果枝组，适于对长势缓、易衰弱的中庸侧生枝的培养，以延长其寿命。这种枝组的培养方法主要是采用连续缓放，或连续轻短截培养而成。连续缓放的枝条应剪去顶端几个轮生的叶芽，对背上芽采取芽后刻伤或抹除，两侧芽采取芽前刻伤的措施。采用缓放或轻短截后，第一年剪口下能抽生 1～2 个中长枝，其余为叶丛枝，生长期对中长枝摘除或第二年春季实行重短截或疏除，将先端疏剪成单轴后再缓放或轻短截，第二年既能形成短果枝和花束状果枝（图 129、图 130）。连续多年后，过于冗长可回缩，衰弱时也要回缩。幼旺树上多培养这类枝组，可缓和树势，早结果。

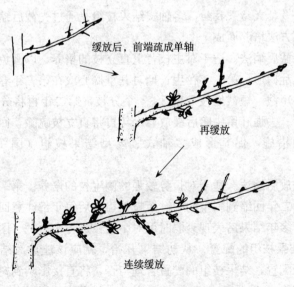

图 129 连放法培养单轴延伸式结果枝组

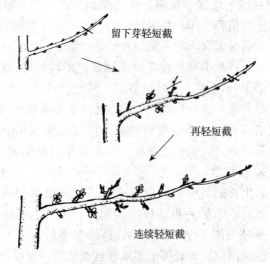

留下芽轻短截

再轻短截

连续轻短截

图 130　连续轻剪法培养单轴延伸式结果枝组

　　(2) 多轴式结果枝组　多轴式结果枝组是通过先截后缩、或先放后缩等方法培养而成。

　　①先截后缩法。适于对主枝背上直立枝的培养，以避免其变成竞争枝扰乱树形。第一年在生长期对其重摘心或在第二年春季重短截或极重短截，短截发枝后留 3~4 个分枝，第二年再将分枝采取去直留斜、去强旺留中庸后缓放，次年再将直立枝疏除，回缩到斜生枝处的措施，促其形成多轴式紧凑型结果枝组（图 131、图 132）。

　　②先放后缩法。适于对长势较强的侧生枝的培养。第一年缓放不剪，第二年回缩到斜生的中、短枝处，以后每年都注意回缩到中短枝处，多年结果后表现衰弱时可对中长枝进行中短截（图 133）。

　　3. 结果枝组的配置　从初结果开始，就应该注重对结果枝组的培养和配置，结果枝组的配置合理与否，将直接影响到树体的通风透光条件、果品质量和产量。因此，结果枝组配置工作不容忽视。

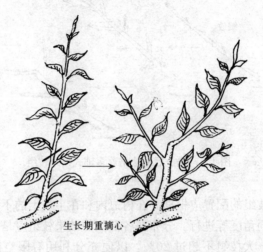

生长期重摘心

图 131 重摘心培养结果枝组

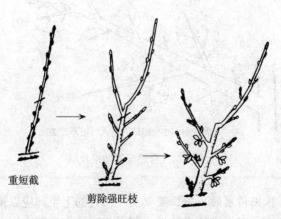

重短截

剪除强旺枝

图 132 先截后缩法培养多轴式结果枝组

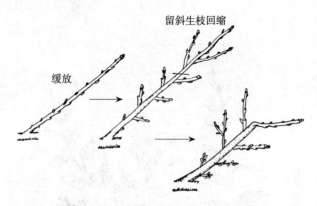

缓放

留斜生枝回缩

图 133　先放后缩法培养多轴式结果枝组

结果枝组的配置应根据其在树冠内和在主枝上的不同位置以及主枝的不同角度等进行。分布在各部位的结果枝组应是大、中、小合理搭配，大枝组不超过 20%，以便充分利用有限空间，主要应该以中型的、并且是侧生的结果枝组为主（图 134）。

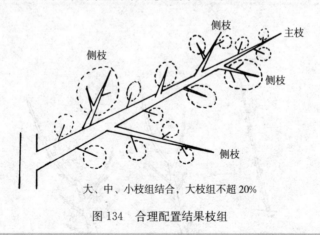

侧枝　主枝　侧枝　侧枝

大、中、小枝组结合，大枝组不超 20%

图 134　合理配置结果枝组

（1）根据树冠的不同位置配置　树冠的上半部应以配置小型结果枝组为主，以中型结果枝组为辅，树冠的中下部应以配置中、小型结果枝组为主，以大型结果枝组为辅（图 135）。

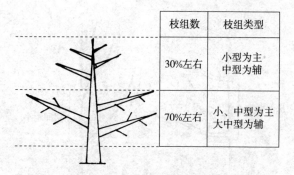

枝组数	枝组类型
30%左右	小型为主中型为辅
70%左右	小、中型为主大中型为辅

图 135　根据树冠的不同位置配置结果枝组

（2）根据主枝的不同位置配置　主枝的前部应配置小型结果枝组，而且枝组间距要大些。中后部应配置中、大型结果枝组，背上枝组要小而少些，两侧枝组要大而多些（图 136）。

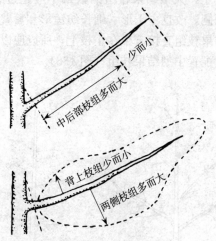

图 136　根据主枝的不同位置配置结果枝组

（3）根据主枝的角度和层间距配置　主枝的角度大、层间距大应配置中、大型结果枝组，而且数量要多；相反，角度小、层间距也小的应配置中、小型结果枝组，而且数量不宜过多（图 137）。

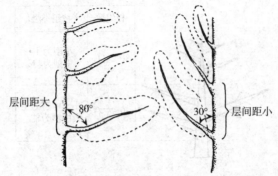

层间距大　　　80°　　　　30°　层间距小

主枝角度大，枝组多而大、中型　　　主枝角度小，枝组少而小型

图 137　根据主枝角度配置结果枝组

　　（4）根据树形配置　自然开心形和主干疏层形，应以配置中、小型结果枝组为主，大型结果枝组的数量不应超过 20%，而且应配置在主枝的两侧。改良主干形、细长纺锤形和篱壁形，应其主枝是单轴延伸，结果枝组直接着生在主枝上，所以应以配置小型结果枝组为主，适量配置中型结果枝组（图 138）。

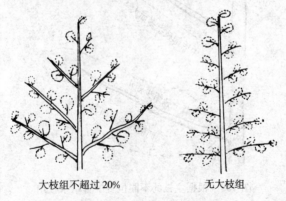

大枝组不超过 20%　　　　　　　无大枝组

图 138　根据树形配置结果枝组

　　4. 结果枝组的修剪　一个结果枝组的形成直至连续结果，是一个发展、维持和更新的过程，要使结果枝组维持较长的结果寿

命，还必须通过修剪手段，来维持其长久保持中庸不衰的生长势。

对生长势较强的结果枝组，如果处在有发展空间的条件下，可以中短截延长枝，使其再扩枝延伸发展（图139）。

有空间发展时，短截延长枝

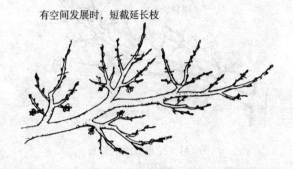

图 139　结果枝组的修剪

无发展空间的，可以疏除或回缩分枝，或在生长期对中长枝连续轻摘心，使其保持中庸状态存在于有限空间内（图140）。

无空间发展时，疏除或回缩分枝

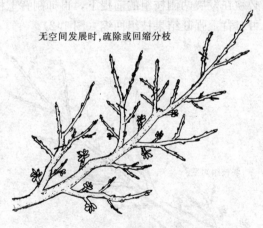

图 140　结果枝组的修剪

对生长势较弱的结果枝组，应注意短截延长枝，回缩下垂枝和细弱枝，本着去弱留强的原则（图141）。

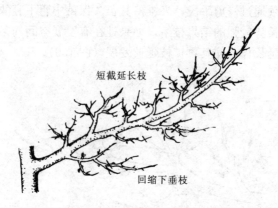

短截延长枝

回缩下垂枝

图 141　结果枝组的修剪

　　枝组生长势强弱的调整，主要是通过对枝组本身的修剪来调节，还可以通过枝组间的修剪来调节。例如，主枝背上枝组生长过强，往往是由于两侧的枝组分枝量少，或对两侧枝组抑制过重造成。因此，必须在发展两侧枝组的前提下，再抑制背上枝组。出现这种情况，可对背上强旺结果枝组回缩（图 142）。

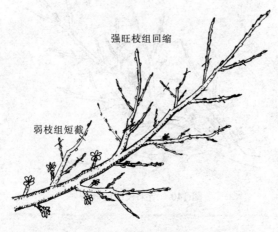

强旺枝组回缩

弱枝组短截

图 142　结果枝组的修剪

（三）结果期树的修剪

不论采用哪种树形栽培，经 3～4 年的整形培养，都可如期进入结果期，结果期树的修剪任务，主要是保持健壮的树势，多结果而不早衰，结果寿命长，连年获得丰产、稳产。

1. 初结果期树的修剪　初结果期树的主要修剪任务是，继续完善树形的整理，增加枝量；重点培养结果枝组，平衡树势，为进入盛果期创造条件。

进入初结果期的树，营养生长开始向生殖生长转化，但树势仍偏旺，在树冠覆盖率没有达到 75％左右时，仍需要短截延伸，扩大树冠，在扩冠的基础上稳定树势，利用好有限空间；对已达到树冠体积的树，要控势中庸，对枝条应以轻剪缓放为主，促进花芽分化，还应注意及时疏除徒长枝和竞争枝，保持各级骨干枝分布合理，保持中庸健壮的树势。

2. 盛果期树的修剪　正常管理条件下，经过 2～3 年的初果期，即可进入盛果期。在进入盛果期后，随着树冠的扩大、枝叶量和产量的增加，树势由偏旺转向中庸，营养生长和生殖生长逐渐趋于平衡，花芽量逐年增加，此期的主要修剪任务是保持树势健壮，促使结果枝和结果枝组保持较强的结果能力，延长其经济寿命。

甜樱桃大量结果之后，随着树龄的增长，树势和结果枝组逐渐衰弱，特别是较细的中、短结果枝和花束状结果枝易衰弱，结果部位易外移，在修剪上应采取回缩更新促壮措施，维持树体长势中庸。骨干枝和结果枝组的缓放或回缩，主要看后部结果枝组和结果枝的长势以及结果能力，如果后部的结果枝组和结果枝长势良好，结果能力强，则可缓放或继续选留壮枝延伸；如果后部的结果枝组和结果枝长势弱，结果能力开始下降时，则应回缩。在缓放与回缩的运用上，一定要适度，做到缓放不弱，回缩不旺。

进入盛果期的树，在树体高度、树冠大小基本达到整形的要求后，对骨干延长枝不要继续短截促枝，防止树冠过大，影响通风透光。盛果期还应注意及时疏除徒长枝和竞争枝，以免扰乱树形。

3. 衰老期树的修剪 甜樱桃一般在 30～40 年之后便进入衰老期，进入衰老期的树，树势明显衰弱，产量和果实品质也明显下降，这之前应有计划及时进行更新复壮。

修剪的主要任务是培养新的树冠和结果枝组，采取回缩的措施，回缩到生长势较粗壮的分枝处，并抬高枝头的角度，增强其生长势。对要更新的大枝，应分期分批进行，以免一次疏除大枝过多，削弱树冠的更新能力。同时结合采取去弱留强、去远留近、以新代老的措施，还要利用好潜伏芽，对内膛的徒长枝重短截，促进多分枝，来培养新的主枝或结果枝以及结果枝组，达到更新复壮的目的。

4. 不同品种树的修剪 不同品种的甜樱桃，其整形修剪各具特点。枝条易直立、生长势强旺的品种，应适当轻剪缓放，不宜短截过重或连续短截；枝条易横生、长势不旺的品种，应以适当短截为主，不宜过早缓放或连续缓放。

以红灯、美早为代表的品种，枝条较直立，生长势较强，在修剪上应多采用轻剪缓放，少短截，加大主枝角度，来增加短果枝和花束状果枝的数量。

以佳红为代表的品种，枝条较横生，树姿较开张，生长势不强旺，在修剪上应适当短截，在短截的基础上进行缓放，还应注意下垂枝的回缩，防止树势衰弱和结果部位外移。

以拉宾斯为代表的短枝型品种，枝条生长量较小，易形成短果枝和花束状结果枝，树势容易衰弱，在修剪上应多短截，促进发枝，防止结果过多，造成树势衰弱。

5. 移栽树的修剪 樱桃园生产中，常遇到缺株补植或密植间移问题，特别是保护地樱桃栽培，更需要异地移栽结果大树，这就涉及到对移栽大树如何正确实施修剪技术，才能保证成活率问题。对移栽树除了减轻起树时对根系的伤害，异地运输中保证根系不失水抽干及栽后适时勤浇水外，重要的就是进行适度修剪，保证树体缓势快、生长快。

移栽树的修剪原则是，伤根重则修剪重，伤根轻则修剪轻，树

冠大的修剪重，树冠小的修剪轻，目的是保持树冠和根系生长的相
对平衡。

　　修剪的时间，应在萌芽前进行，修剪后对伤口及时涂抹杀菌
剂。

　　此外，如果在秋季移栽大树，还要注意在挖树前将没有脱落的
叶片摘掉，以免引起抽条。

　　(1) 移栽结果幼树的修剪　移栽结果幼树时，因树冠小而根系
分布范围也小，起树时不容易断根很多，所以可以适当轻剪。首先
中短截中心干延长枝，主枝延长枝留外芽或两侧芽中短截，侧生分
枝超过主枝长的 1/3 以上要进行回缩，主干和主枝上的竞争枝和徒
长枝一律疏除（图 143）。

起树前摘叶

萌芽前修剪

短截延长枝

疏除直立枝

远途运输时用塑料膜包根

图 143　移栽结果幼树的修剪

　　(2) 移栽结果大树的修剪　移栽结果大树，因树冠大而根系分
布范围也大，起树时不容易保留完整的根系，断根很多，所以应当

重剪。应着重回缩主枝和结果枝组，或重短截所有的主、侧枝的延长枝，注意留一斜生的分枝带头生长，还要疏除所有的竞争枝和徒长枝，所有的发育枝也应重短截或疏除，树冠过高还应落头（图144）。

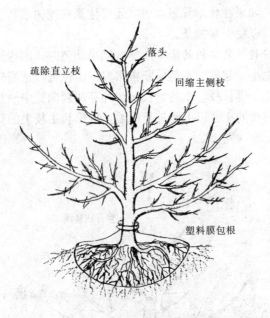

落头

疏除直立枝

回缩主侧枝

塑料膜包根

图 144　移栽结果大树的修剪

五、整形修剪中存在的问题与处理

（一）整形方面

1. 树冠过低　树冠过低的原因主要是定干过低，定干低的原因往往是因为选用了细矮的弱质苗，不够定干高度，或因整形带内芽眼受损而利用了整形带以下的萌芽作主枝；其次是幼树期主干上萌发出的徒长枝没有及时疏除，次年又舍不得疏除而留作主枝；第三是因为第一层主枝下垂而没有撑起，或主枝上的侧枝下垂而不进行回缩，致使树体进入结果期以后，结果枝接近地面。主枝或侧枝接近地面，会造成泥水污染果实，叶片易感染叶斑病。

防止树冠过低，首先应选用优质健壮的一级苗木栽植，栽植时不要碰掉整形带内的叶芽，栽后在整形带内选方位合适的饱满芽进行芽上刻伤（图 145），并注意防止象甲和金龟子等害虫为害芽眼和萌芽。生长期及时抹除主干上的多余萌芽和徒长枝（图 146）。如果没有及时处理而形成低垂枝，可采取撑、缩、疏的办法解决（图 147 至图 149）。

2. 树冠过高　树冠过高主要是不落头造成，主要发生在以主干形为主的树形上，几乎接近自然生长状态，树高超过 5 米以上，主枝数量多，数不清多少，层次多，超过 8 层以上，外围枝结的果多，内膛枝结的果少，采摘果实的梯子高度需要 4 米以上，这种现象多发生在露地老果园，或房前屋后的零散栽植树较多。对这样的树形，应采取缩、疏、截等措施进行改造。首先是缩枝落头，其次是疏除多余主、侧枝和辅养枝、竞争枝等，最后是短截过于细弱的结果枝。对这样树形的改造要分 2～3 年进行。

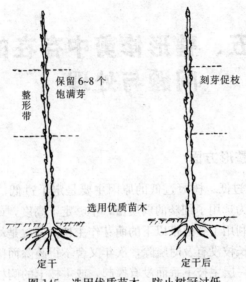

保留 6~8 个
饱满芽

整形带

刻芽促枝

选用优质苗木

定干

定干后

图 145 选用优质苗木，防止树冠过低

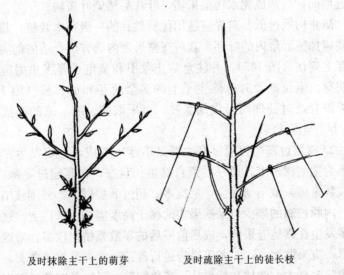

及时抹除主干上的萌芽

及时疏除主干上的徒长枝

图 146 抹芽、疏枝防止树冠过低

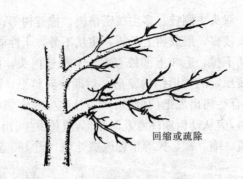

图 147 处理低垂枝，防止树冠过低

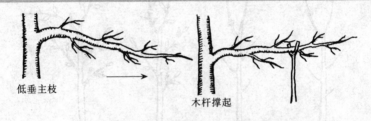

低垂主枝　　　　　　　木杆撑起

图 148 处理低垂枝，防止树冠过低

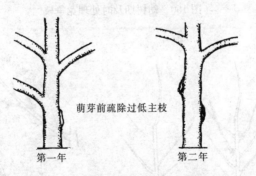

萌芽前疏除过低主枝

第一年　　　　　　　第二年

图 149 处理过低主枝，解决树冠过低

3. 树形紊乱 树形紊乱的原因主要是不注重树形的合理布局，忽视树形对丰产、优质的重要性，整形修剪技术不到位。尤其是不注重生长季的整形修剪，没有及时处理竞争枝、徒长枝和延长枝，

95

形成双头树、双头主侧枝、多主枝密挤树、掐脖树等；还有的冠内竞争枝、徒长枝多，形成树上长树，主从不分，干性弱；还有的前期拉枝，后期不拉，造成上部枝直立，下部枝抱头，形成抱头树；还有的先期按预定的树形结构整形，后期放弃整形，形成无形树、偏冠树等；还有些树出现把门侧枝、多主枝轮生和多侧枝轮生现象。对这样的树形，应从幼树期注意及时整形，避免发生。出现这些问题，应及时采取疏、缩、截、拉等措施改造处理（图 150 至图 164）。

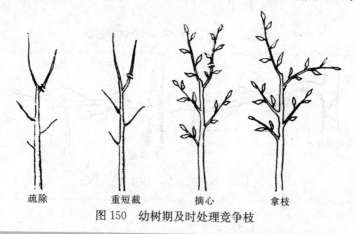

图 150　幼树期及时处理竞争枝

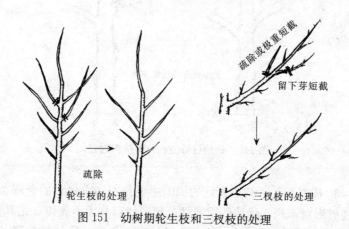

图 151　幼树期轮生枝和三杈枝的处理

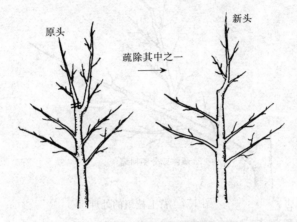

图 152　双头树的处理

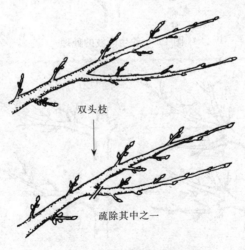

图 153　双头枝的处理

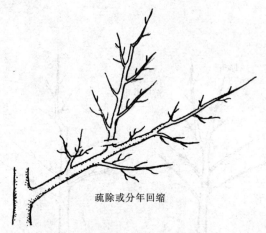

疏除或分年回缩

图 154　背上枝组的处理

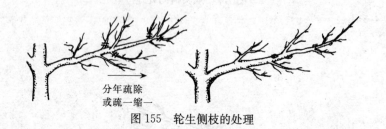

分年疏除
或疏一缩一

图 155　轮生侧枝的处理

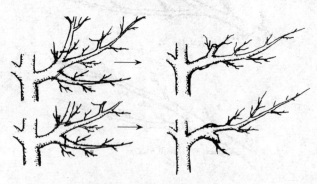

图 156　把门侧枝的处理

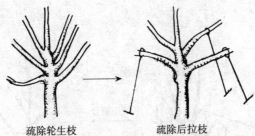

疏除轮生枝　　　　　　　疏除后拉枝

图 157　轮生主枝的处理

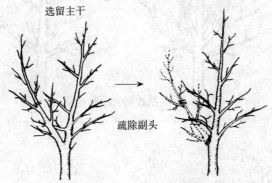

选留主干

疏除副头

如果副头强旺，可分两年疏除

图 158　双干树的处理

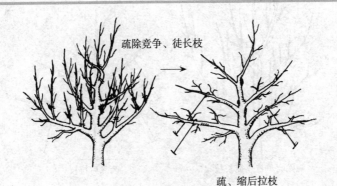

疏除竞争、徒长枝

疏、缩后拉枝

图 159　多枝树的处理

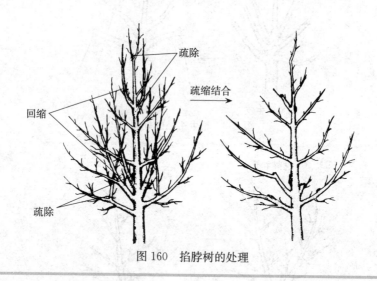

图 160　掐脖树的处理

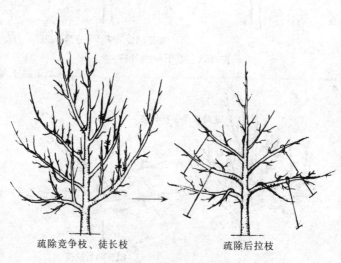

疏除竞争枝、徒长枝　　　　疏除后拉枝

图 161　干性弱树的处理

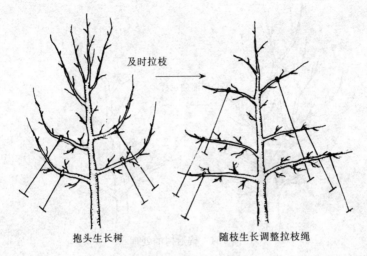

及时拉枝

抱头生长树　　　　　　随枝生长调整拉枝绳

图 162　抱头树的处理

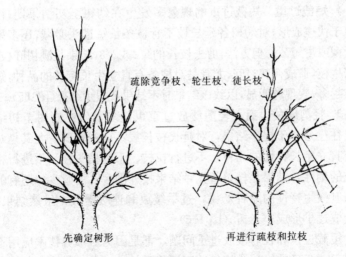

疏除竞争枝、轮生枝、徒长枝

先确定树形　　　　　　再进行疏枝和拉枝

图 163　无形树的处理

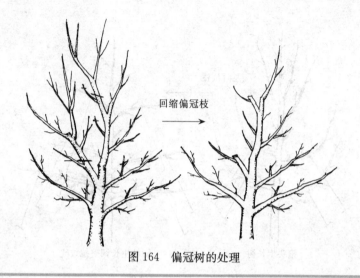

回缩偏冠枝

图 164　偏冠树的处理

(二) 修剪方面

修剪方面存在问题比较多，需要重点规范。

1. 短截过重　短截过重的现象多发生在幼树至初结果期，往往是急于快速成形，对幼树各延长枝不管枝条长短逢头必截，还多采取中短截或重短截修剪方法，剪去枝长的1/2或2/3，结果是满树旺枝、满树密生枝，造成树势过旺，尤其是对枝条有直立生长特性的品种，短截越重越多，表现越明显，以致该结果时不结果或很少结果(图165)。

2. 轻剪缓放过重　轻剪缓放过重也是多发生在幼树至初结果期，往往是急于提早结果，对延长枝长放不剪或轻剪，尤其是对枝条有直立生长特性的品种，不进行拉枝、不疏梢头枝、不进行相应部位的刻芽，结果是枝条直立，结果枝外围多、内膛少；还有的对枝条有横生特性的品种幼树，过早缓放和连续缓放，虽然结果早，但造成过早形成小老树 (图 166)。

短截过重和轻剪缓放过重问题，都是因为对修剪技术应用不正确引起，正确的修剪措施是适度短截延长枝，及时疏除竞争枝和徒长枝，缓放要与拉枝、刻芽相结合，达到扩冠结果两不误(图167)。

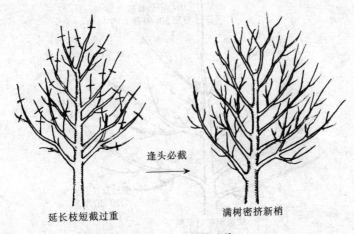

逢头必截 →

延长枝短截过重   满树密挤新梢

图 165 短截过重

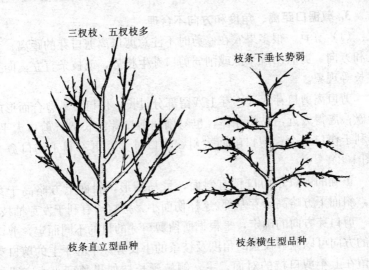

三杈枝、五杈枝多

枝条下垂长势弱

枝条直立型品种   枝条横生型品种

图 166 轻剪缓放过重

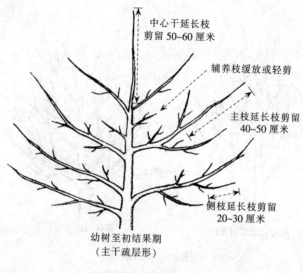

中心干延长枝
剪留 50~60 厘米

辅养枝缓放或轻剪

主枝延长枝剪留
40~50 厘米

侧枝延长枝剪留
20~30 厘米

幼树至初结果期
（主干疏层形）

图 167　适度短截和缓放

3. 剪锯口距离、角度和方向不合理

（1）剪口　很多果农在修剪时不注意剪口离剪口芽的距离、角度和方向，剪后出现干橛或削弱剪口芽生长势，或枝条直立、向上生长等现象。

剪口离剪口芽太远，芽上残留部分过长，伤口不易愈合而形成干橛；离得太近，易伤芽体，也易削弱剪口芽的长势；剪口太平，不利于伤口愈合；剪口削面太斜，伤口过大，更不利于伤口愈合（图 168）。

正确的剪口是剪口稍有斜面，呈马蹄形，斜面上方略高于芽尖，斜面下方略高于芽基部。这样伤面小，易愈合，有利于发芽抽枝。

剪口芽方向的确定，是根据所留剪口芽的目的不同而定，剪口芽的方向可以调节枝条的角度及枝条的生长势。中心干上的剪口芽应留在上年剪口枝的对面；主、侧枝延长枝如果角度小，应留外芽，加大角度；相反，枝条角度大或下垂应留上芽，抬高枝的角度（图 169）。

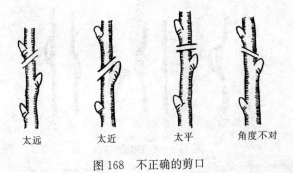

太远　　　　太近　　　　太平　　　角度不对

图 168　不正确的剪口

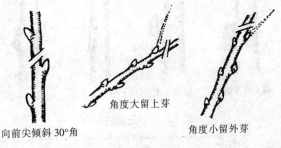

向前尖倾斜 30° 角　　　角度大留上芽　　　角度小留外芽

图 169　正确的剪口芽角度和方向

（2）锯口　很多果农至今还应用老式手锯，锯口呈毛茬状，粗糙不光滑，影响锯口愈合。有的不注意锯口角度，出现留桩太高或伤口太大，或锯成对口伤，或撕劈树皮及木质部等现象，这些都直接影响伤口的愈合，对树体伤害较大（图 170、图 171）。正确的锯法：锯口要光滑平整不得劈裂，上锯口紧贴母枝基部略有斜面，呈椭圆状（图 172），锯后涂抹杀菌剂或保水愈合剂。为了防止劈裂，可在被锯枝的基部背下先锯一道锯口，然后再从上向下倾斜锯除。手锯要更换平刃锯。

4. 拉枝不规范　拉枝不规范包括拉成弓形，或拉平部位太高，或下拉上不拉，或将延长枝和竞争枝对拉，还有的枝条没够长就拉，或将拉枝绳系成死扣，造成枝干绞缢，或拉枝时间过晚或过早

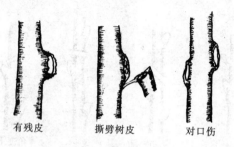

有残皮　　　　撕劈树皮　　　　对口伤

图 170　不正确的锯口

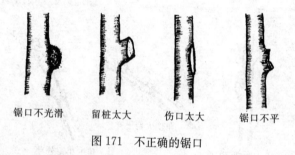

锯口不光滑　　留桩太大　　伤口太大　　锯口不平

图 171　不正确的锯口

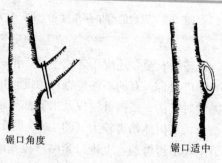

锯口角度　　　　　　　锯口适中

图 172　正确的锯口

等现象。正确的拉枝首先是适时拉枝，时间是在萌芽后至新梢开始生长这段时间，枝条处于最软最易开角的阶段，也易定形。其次是适度拉枝，均匀拉枝，并随枝生长移动拉枝绳。拉枝绳要系成活扣以防止形成绞缢。拉枝、拿枝与刻芽相结合应用（图 173 至图 176）。

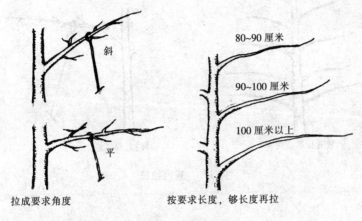

拉成要求角度　　　　　　按要求长度，够长度再拉

图 173　规范拉枝

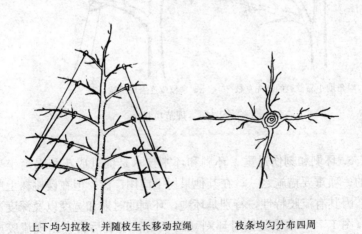

上下均匀拉枝，并随枝生长移动拉绳　　　枝条均匀分布四周

图 174　规范拉枝

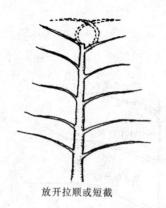

放开拉顺或短截　　　　　　活绳扣,要宽松

图 175　规范拉枝

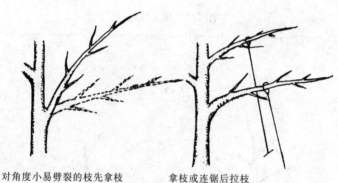

对角度小易劈裂的枝先拿枝　　　拿枝或连锯后拉枝

图 176　规范拉枝

5. 环剥和刻伤过重　环剥和环割技术是促进成花和提高坐果率的一项重要措施之一,在其他果树上应用广泛,但在樱桃树上应用,因其有流胶特性,特别是环剥,环剥的时期和宽度以及深度不当(图177),或多处同时环剥(图178),环剥后常会出现流胶或不愈合现象,严重的会发生死树或死枝现象。因此,樱桃树应用此项技术应特别小心,我们提倡慎用或尽量不用环剥技术。如果应用

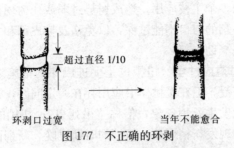

环剥口过宽　　　　　　　　　当年不能愈合

图 177　不正确的环剥

多处同时环剥易衰弱树势或死亡

图 178　不正确的环剥

环剥技术，应对幼旺树用，应用时间也不可过晚，一般于 5 月下旬至 6 月上旬进行，环剥的宽度不超过干直径的 1/10，剥后遇干旱时，用塑料薄膜或纸包裹（图 179）。无论环剥还是环割，都不要

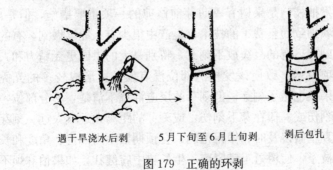

遇干旱浇水后剥　　　5 月下旬至 6 月上旬剥　　　剥后包扎

图 179　正确的环剥

同时对主干和多个主枝应用，造成树势过弱或死树现象发生。

环剥和环割的刀口不能过深，以免伤及韧皮部和木质部，更不能污损形成层（韧皮部）。

6. 扭梢过重或过早　扭梢也是促进成花的措施之一，在其他果树中应用广泛，但在樱桃树上应用存在一定问题，常因扭梢过重或天气原因，发生死梢现象，俗称"吊死鬼"；扭梢的时期过早或过轻，又会出现发新梢现象；扭梢的时期过晚，新梢已木质化，还会折断新梢。因此，樱桃应用扭梢技术也要慎重（图180）。

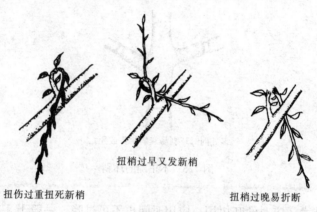

扭伤过重扭死新梢　　扭梢过早又发新梢　　扭梢过晚易折断

图180　扭梢易出现的问题

7. 不刻芽或刻芽不规范　刻芽能促进叶芽萌发，抽生枝条或抑制芽萌发抽枝，是果树春季萌芽前修剪的一项重要措施，但是，刻芽是一项细致而且费工的技术，生产中很少有人能够做到，有的只拉枝不刻芽，有的只缓放不刻芽，特别是大的果园更无精力和人力顾及此项技术，致使该发枝的部位没有发枝，形成较多的光秃带。有的果农也做了刻芽，但刻芽的反应混绕不清楚，不分部位一律在芽上刻伤或一律在芽下刻伤，或刻芽的距离太近或太远。刻芽技术如果真正做得及时、做得正确，会预期抽生出部位、角度和长势理想的枝条，使树冠丰满紧凑，生长势中庸健壮，如果怕麻烦不应用，那么在以后的修剪中是要多费功夫的。

8. 保护地樱桃采收后修剪过重　保护地樱桃的修剪问题与露地樱桃一样，所不同的是采收后的修剪程度。保护地樱桃的生长期较露地樱桃提前 2~4 个月，也就是说，树体提前 2~4 个月完成了生殖生长，但是离落叶和休眠还差 2~4 个月，树体继续处在生长季节里，还必须继续营养生长，这就使树体的上部易抽生大量的徒长枝和竞争枝，对这些在采收后形成的徒长枝或竞争枝，如果不进行修剪，则会影响冠内光照，修剪不当则会造成花芽不同程度的开放，如果一律疏除，或对结果枝短截过多或过重，则会造成花芽大量开放，易造成下一年严重减产。

很多果农对保护地樱桃的修剪方法和露地一样，萌芽前修剪一次，然后等到果实采收后再修剪一次，常导致采后开花，这种现象普遍存在，除了因叶斑病和二斑叶螨为害严重，修剪不当也是造成采后开花的主要原因。

对保护地樱桃的修剪，应重在花后至采收前，采收后的 6~8 月份，只要少量疏除树体上部多余的发育枝就可以了。一定要保留一部分发育枝，俗称留"跑水条"（图 181），以不影响下部光照为宜，留下的发育枝可在下年萌芽前疏除。对结果枝和结果枝组更要在采收前处理好，采收后尽量不剪或轻剪，防止采收后开花。

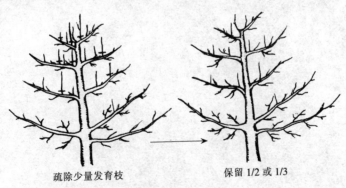

疏除少量发育枝　　　　　　　保留 1/2 或 1/3

图 181　保护地樱桃树采收后修剪

参 考 文 献

史传铎，姜远茂．1998．樱桃优质高产栽培新技术［M］．北京：中国农业出版社．

唐勇．1998．樱桃园全套管理技术图解［M］．济南：山东科学技术出版社．

张开春，等．2006．无公害甜樱桃标准化生产［M］．北京：中国农业出版社．

张鹏，等．2004．樱桃无公害高效栽培［M］．北京：金盾出版社．

张艳芬，等．1997．桃 樱桃 李 杏整形修剪［M］．济南：山东科学技术出版社．

赵改荣，黄贞光．2000．大樱桃保护地栽培［M］．郑州：中原农民出版社．

赵改荣，黄贞光．2001．樱桃优质丰产栽培技术彩色图说［M］．北京：中国农业出版社．

图书在版编目（CIP）数据

图解樱桃整形修剪/韩凤珠，赵岩主编．—北京：
中国农业出版社，2011.7（2017.9重印）
　ISBN　978-7-109-15789-7

　Ⅰ.①图…　Ⅱ.①韩…②赵…　Ⅲ.①樱桃－修剪－
图解　Ⅳ.①S662.505-64

中国版本图书馆 CIP 数据核字（2011）第 115679 号

中国农业出版社出版
（北京市朝阳区农展馆北路 2 号）
（邮政编码 100125）
责任编辑　黄　宇

北京中新伟业印刷有限公司印刷　　新华书店北京发行所发行
2011 年 8 月第 1 版　　2017 年 9 月北京第 4 次印刷

开本：880mm×1230mm　1/32　　印张：3.875
字数：98 千字　　印数：12 001～15 000 册
定价：10.00 元
（凡本版图书出现印刷、装订错误，请向出版社发行部调换）